這樣裝潢不吃虧

預算、材料、工法知識一把抓，
裝修做功課指定本

漂亮家居編輯部 著

動念裝潢的初心，完工後圓滿了嗎？

「以終為始」的態度裝潢

採訪過近百個設計案後，漸漸發現裝潢能否順利，完成心中夢想居家的樣貌，除去所託非人的情況之外，屋主自己的態度非常關鍵。沒有人希望裝潢後的成果差強人意、品質低下、機能不足、問題一堆，但是有沒有想過，你想要的結果和畫面，要如何一步步往前倒推才能達成呢？如果一開始怕麻煩疏於確認，總是差不多就好，或是在心裡想著我以為、應該是吧的盲目托付信賴，又或是抱持著撿便宜的心態，受到低價或華麗包裝次級品的誘惑，所有的人力、時間和金錢成本都不會消失，只會被轉嫁，因此，做裝潢就是一個功課、一個學習的過程，更是一場渡劫，唯有態度正確才能歷劫歸來而修得正果。

理性看待居家裝潢這件事

常聽到設計師分享，幫屋主規劃設計房子，有時更像是在解決家庭問題，在裝潢新屋時，人很容易投射過多的情感進去，好像一直往裡面疊加設計，最後就能得到幸福，但其實感情用事更容易誤事，有些屋主在過程中一直往上提高設計強度、提升設備建材等級，最後預算超支的例子比比皆是，不過裝潢沒有對錯，只要負得起也情願，最後達到想要的效果都是值得的，但若在這些拉扯中到最後感到後悔、吃了悶虧，住進去的心情怎麼會開心，人生怎會因搬進新家而轉運呢？

因此建議各位屋主，把裝潢自己家當成一個工作專案來看待，明確地設定目標，制定計畫，編列預算與時程，設定檢查點，用理性的方式來完成感性的追求，適時抽離「不管就是好想要」、「替代的方案無法接受（但預算又有限）」的屋主角色，轉換成裝潢專案的管理角色，客觀分析每個抉擇與最終目標是否方向一致還是漸行漸遠，隨時檢視、調整，讓情況都在你的掌握之中。

做功課同時建立正確觀念

本書希望能夠作為屋主裝潢前做功課的參考書，將多數人最關心的預算、建材與施工逐一說明，這三者環環相扣，牽一個動整個，千萬不要有我只是改了一點點或換了一種材料，從下了這個決定後，就要微調設計圖、重新估價、排定時程、協調施工，牽動後面一連串的流程。裝修設計是高勞力密集的產業，人力就是金錢，時間也是金錢，如果不希望最後大幅追加或成果不如預期，事前多花一點時間蒐集資料、學習，多點耐心確認合約、估價單、施工方式，遇到問題不要怕麻煩即時反應、溝通，不要拖延。但願能得到你向我們分享新家開箱文的喜悅。

裝潢需求檢核表

大型設備	鋼琴：種類＿＿＿＿＿ 跑步機：＿＿＿＿ 按摩椅：＿＿＿＿ 其它＿＿＿＿＿
玄關	鞋子種類及數量／穿衣鏡／掛外出服／雨衣／雨傘／安全帽／鑰匙／擺設
客廳	收藏／掛畫／電視／沙發／音響／遊戲機／數位盒／無線電話／無線網路／客餐廳結合／地面材質
餐廳	餐櫃／置物需求／儲物需求／與書房機能合併／書櫃
廚房	下廚頻率／中式料理／冰箱／排油煙機／電器設備／地面材質／壁面材質／獨立式或開放式
主臥	床／化妝台／電視／更衣間／衣櫃／按摩椅／主浴／地面材質
次臥	使用者年齡／性別／床／書桌／收納／地面材質

長輩房	行動方便與否／是否有看護或傭人／床／收納／化妝台或書桌／衛浴
書房	獨立、半開放、全開放／使用者／使用人數／使用習慣／行為／書量多寡
客房	多功能／單純客房／床
更衣室	衣服多寡及種類／儲物
浴室	乾濕分離／浴缸／按摩浴缸／暖風機／抽風扇／浴櫃／鏡櫃／免治馬桶／地面材質／壁面材質
陽台	洗衣機／洗衣水槽／烘衣機／電壓／熱水器
儲物間	儲放物品
其他空間	

裝潢預算表

漂亮家居　裝潢預算表						
工程地點及名稱：						
總預算	0	金額單位	NT.$	報價未含稅		
開工日	2020/00/00	竣工日	2020/00/00	總工期		（工作日／日曆日）
序號	項目	數量	單位	單價	小計	材料、工法、尺寸、型號説明
空間／工程						
1					0	
2					0	
3					0	
4					0	
				項目合計	0	
空間／工程						
1					0	
2					0	
3					0	
4					0	
				項目合計	0	
空間／工程						
1					0	
2					0	
3					0	
4					0	
				項目合計	0	
空間／工程						
1					0	
2					0	
3					0	
4					0	
				項目合計	0	
空間／工程						
1					0	
2					0	
3					0	
4					0	
				項目合計	0	

空間／工程						
1					0	
2					0	
3					0	
4					0	
				項目合計	0	

空間／工程						
1					0	
2					0	
3					0	
4					0	
				項目合計	0	

空間／工程						
1					0	
2					0	
3					0	
4					0	
				項目合計	0	

空間／工程						
1					0	
2					0	
3					0	
4					0	
				項目合計	0	

空間／工程						
1					0	
2					0	
3					0	
4					0	
				項目合計	0	

空間／工程						
1					0	
2					0	
3					0	
4					0	
				項目合計	0	

空間／工程						
1					0	
2					0	
3					0	
4					0	
				項目合計	0	

裝潢預計進度表

裝修工程　第 1 個月進度表																													
日期	1	2	3	4	5	6	7	8	9	10	11	12	13	14	15	16	17	18	19	20	21	22	23	24	25	26	27	28	29	30
星期	二	三	四	五	六	日	一	二	三	四	五	六	日	一	二	三	四	五	六	日	一	二	三	四	五	六	日	一	二	三
拆除工程																														
泥作工程																														
鋁鐵工程																														
水電工程																														
木作工程																														
油漆工程																														
玻璃工程																														
櫥具工程																														
空調工程																														
衛浴設備																														
保全工程																														
自動控制系統																														
雜項及清潔																														

裝修工程　第 2 個月進度表

日期	1	2	3	4	5	6	7	8	9	10	11	12	13	14	15	16	17	18	19	20	21	22	23	24	25	26	27	28	29	30
星期	四	五	六	日	一	二	三	四	五	六	日	一	二	三	四	五	六	日	一	二	三	四	五	六	日	一	二	三	四	五
拆除工程																														
泥作工程																														
鋁鐵工程																														
水電工程																														
木作工程																														
油漆工程																														
玻璃工程																														
櫥具工程																														
空調工程																														
衛浴設備																														
保全工程																														
自動控制系總																														
雜項及清潔																														

PART 1
不在「錢」上面吃虧：
這報價，合理嗎？

要評判是否「物有所值」，第一步多半是先「了解內容物」，再來才會是「價值選擇」。舉例來說，一個便當 200 元是貴還是便宜？如果它的米飯是池上冠軍米搭配山泉蒸炊，選用穀飼不打瘦肉精的牛肉與 7 種五色有機蔬菜作為食材，由營養師與五星飯店主廚設計菜單、烹調，採用無漂白竹片製作手工飯盒盛裝，大概不會覺得它太貴，但買不買單就是個人的價值選擇，有人可能認為一個 80 元的便當就能滿足他的需求。裝潢也是同樣的道理，判斷報價的合理性，要先了解內容，而裝潢的內容包含什麼、如何計價、市場行情區間……搞清楚之後，就能依自身需求，決定這次要選 200 元還是 80 元的便當了。

Point 01 找設計師，有哪些費用，會得到什麼？

想要 20 坪有 40 坪的空間感，充足的收納，中島廚房，還要有 3 間房間，大衛浴⋯⋯

想要住家很有設計感，建材都要用好的！

剛才說不想付設計費，就想要有好設計，這合理嗎？

購買「設計」，並非是日常生活中經常碰到的情況，比較常見的是購買一個有明確清楚規格的產品，在買下它之前已是個完成品，可透過各種管道方式了解是否適合自己，並做優缺比較。但室內設計在購買前，還看不到最終樣貌，因此事前的理解與溝通非常重要，屋主和設計服務提供者需要彼此信任，並透過書面合約清楚定義設計內容與交付項目、時間、付款方式，未盡事宜如何補充、沒做到相應的罰責或處理方式，感性、理性兩方面都通充分溝通，明白彼此的權利義務，這樣便能將可能產生疑義或糾紛的可能性降到最低。

室內設計公司作業流程參考

初步洽談了解

通常屋主會和設計公司先約一次見面，說明屋況條件、居住成員、裝修目地、生活需求等

現場丈量

（一筆丈量費 NT.5,000 ～ 8,000
元不等，若後續委計設計，有些設
計公司會折抵設計費）

1. 通常需 2 人進行，視坪數大小約需 2 ～ 4 小時
2. 一般需先付丈量費，設計公司會繪製現況圖

提供現況平面圖

通常會標示空間尺寸、格局、樑柱位置與樑高、窗戶高度等，要標示到多詳細，事前需先溝通清楚

溝通需求

有些設計公司是第一次洽談就會詳細了解屋主的設計需求，或是丈量時一併了解，在丈量後直接提供現況圖與平面配置圖。

簽設計約

（付 50%，也有一次付清的）

1. 簽約對雙方都有保障，也是明確溝通達成共識的結果
2. 基於使用者付費原則，簽設計約後設計公司開始提供設計服務，通常也會先收部分設計費
3. 合約中要載明若中途解約的處理方式

出平面規劃圖

1. 在設計約上需說明清楚平面規劃圖要包含哪些內容，是否包含細部尺寸、材質等說明
2. 有些設計公司會提供最佳方案，有些則是根據需求提出 2 個以上的規劃，這個也需事前溝通在合約載明

溝通調整

1. 關於修改次數及幅度，通常會是先溝通能改幾次
2. 實務上這段期間是設計計階段中最容易發生糾紛的時候，因此簽約前溝通得越詳細，彼此能夠互信；發現雙方認知有落差時即時提出，溝通不順及早止損

根據設計
出工程報價單

有些設計公司在提出第一版平面規劃圖時，就會提供工程估價單，不過項目與金額會隨著修改調整，常見的情況是調整到一個階段屋主覺得差不多時，進行工程報價

修改並定案
（餘額，有些會留 10% 驗收圖面後支付）

一般來說會先以「理想」來估算工程造價，再根據實際情況來取捨，哪些設計或工程一定要做，哪些可以刪除或降低建材等級或替代方式，進行溝通討論

交付圖面

如果是純設計，交付的圖面一般來說要足以讓施工隊看懂並照圖施作。至於要詳細到什麼程度、出幾張圖，簽約時就要溝通清楚並白紙黑字載明清楚

簽定工程合約

簽約時必須要核定合約上簽約人或公司的大小章，保存正本合約並檢查公司的營利事業登記證，如果發現有違反自身利益的條款，可請設計公司重擬

訂定工程進度表

工程付款有一定的階段，通常伴隨著「階段性驗收」來付款。每階段付款金額多少，必須要在合約中註明清楚，尾款通常在「總完工驗收通過」再付。且合約應該註明「各階段驗收無誤」才付款

工程施作及監管

工程合約上要明訂開工日期與通過總完工驗收之期限，內容也列出發生何種狀況影響工程進度（例如：天氣、不可預期屋況等），經過雙方同意可以延長工期，以及未依約定通過總完工期限的逾期罰款

完工驗收

1. 合約上註明「工程驗收後」支付尾款的地方，最好寫「驗收通過之後」支付，避免設計師和屋主對「驗收標準」的定義不同產生糾紛
2. 有些設計公司會製作驗收表與屋主逐項確認

維修及保固

裝修完成驗收交屋後，一般設計公司在合約中都會註明給予一年保固期。但要注意的是，保固不代表大小事情設計師都會免費處理，非人為造成的損壞才在保固範圍內，如果是不當操作的損壞，還是需要支付部分費用

設計師提供的服務

1 空間配置與機能整合

設計師會根據屋主生活規劃空間格局，從物理環境到人因創造舒適生活。在初步跟設計師接洽時，可請他分享作品的照片、圖面。最好能到實際的案例空間參觀，感覺空間尺度的拿捏、色彩比例的搭配、格局動線配置、建材選用等級、拉門與抽屜施工的細膩度等，看出是否具備合宜的人體工學尺度，以及設計是否符合自己的喜好。

2 丈量與圖面繪製

丈量時，建議屋主應該要陪同解說屋況。例如房子是否有漏水的情形、電壓配置狀況、是否曾經重新配過管線、排水管路走向、瓦斯管路、房屋受潮情形；尤其老屋問題多多，更是應該要詳細解說。這樣設計師才能夠將這些都列入規劃的考量，在掌握預算上也有實質的幫助。

完成丈量後，應該將需求告知設計師，例如收納、傢具、風格、家電、建材、預算等，越詳細而完整的告知，設計師更能掌握屋況、圖面設計會更精確。甚至可以將需求列成一張清單，請雙方簽名保存，可以更保障日後設計圖有依照需求做規劃。

3 色彩材料計畫營造風格

大部分的人對於居家風格只有簡單的概念，無法具體而明確地表達自己想要的到底是什麼，最後呈現的結果只是流於形式的空間樣式，完全不是夢想中的居家。感性的畫面由理性創造，專業的設計師能藉由色彩、材料、線條、造型等控制空間比例並創造美感。

4 提供設計及工程管理服務

設計師的工作不但要出設計圖，根據設計做出工程估價，若有承接工程，也必須發包工程、排定工程及工時，連同材質的挑選、解決工程大小事等。完工後還要負責驗收及日後的保固，保固期通常為一年，內容依雙方簽定的合約為主。

攝影©Sam

將溝通結果與內容訴諸文字與附件簽約，能免除後續的爭議，除了可以明訂計費用的計費方式外，對於設計內容的完整性也多了一層保障。

如何了解並選擇設計師

1 從互動中觀察設計公司文化

建議找 2 ～ 3 家設計公司，了解公司組織與營運狀況，以及設計師的專業背景與經歷。透過設計公司 Facebook 留言、e-mail 信件往返、通電話等方式，觀察回覆狀況的積極度，可以看出該設計公司組織編制的大小與工作流程是否流暢；或是該設計公司對客戶要求的重視程度，來判斷是否適合。最好能親自到設計公司觀察環境，再談後續的合作，會比較有保障。

2 表現是否專業積極

與設計師第一類接觸不外乎電話或是見面溝通，但是如果能直接到施工現場討論，不但能準確表達出雙方的意見，在當面觀察設計師反應的同時，也算展現出設計師對每個案子的誠懇、重視態度。

收到設計師繪製的初步設計圖，首先檢查丈量尺寸的內容是否正確、內容圖說是否清楚、設計內容是否符合屋主要求。

3 觀察設計師與業主、工班的互動

設計師提出初步的規劃，這時要確認當時自己特別強調的部分，設計師是否有顧慮到？是否有解決空間既有的問題？而約好出圖的時間是否一再拖延？進而判斷該設計師是否具有專業、誠懇的基本態度。

設計師與旗下工班的互動、更關係到施工品質。到設計師正在進行案子的工地，看設計師與工班的熟悉度與默契，若是設計師現場要求工班作小幅度的修改，從工班的反應大約可判斷後續請設計師到現場監工的品質。

4 詢問有裝修經驗的人取得判斷標準

可從有裝修經驗的人身上，學習如何判斷設計師是否與自己合拍，例如對設計或施工的整體滿意度、設計圖面與施工結果有無落差、遇到困難的解決方式等，以及住進去一陣子之後的感覺，都能從蛛絲馬跡中衡量出該設計師的專業與人品，是否能滿足自己的期望。

這裡要注意

1 是否標示空間尺寸需事前溝通
2 丈量及首次出平面圖及監工是否收費都要問清楚
3 簽設計約的一定要看清楚合約內容

不吃虧 TIPS

（1）首次出圖和想的落差很大很不滿意，建議即時停損，通常一開始抓不到方向，改來改去只會更沒方向。
（2）合約要慎重以對，仔細看過，不明白不確認的地方都該提出，和設計公司充分溝通後達成的共識，就是合約的內容。
（3）與設計師的相處之道是「在於互動、而非監督」。

Point 02 要先簽約或付款才開始作業？

曾有人用醫療行為來說明設計委託，在設計師受過完整專業訓練與具有相當的執業經驗前提下，為屋主量身打造住宅設計，花時間了解屋主生活與需求、到現場丈量了解，並繪製現況圖與平面配置圖⋯⋯到這裡，如果都沒有收一塊錢，設計公司該如何存活？同樣的，屋主也需判斷設計師的「專業度」，設計業並不像醫師有強制且具公信力的執照認證制度，要事先付錢，對屋主來說怎能不擔心？因此在經過初步洽談後，透過「簽約」，雙方能更了解彼此的想法與態度，並將權利義務及可能產生疑慮的事項盡可能溝通清楚，白紙黑字寫下雙方用印以示負責。千萬不要因為怕麻煩便宜行事，出現問題罪還是要自己受。

懒人包 速解	認識裝修合約種類

設計合約 (設計委託契約)	1. 為屋主委託設計公司針對案件規劃及設計所簽訂的合約 2. 標的通常包含設計與後續監工，不包含承攬工程 3. 為設計與工程分包的形式，設計師不一定是工程的承包者
工程合約 (工程承攬契約書)	1. 設計圖面都已確定並完成工程估價時，把工程發包給設計公司或工程承包商時簽署的合約 2. 內容針對工期、施工期間發生狀況、驗收等做說明及規範
統包合約 (設計委託及工程承攬契約)	1. 同時委託設計公司進行設計並由設計公司承攬工程時所簽署的合約 2. 簽署設計工程合併合約時，雙方討論的依據通常還在平面配置圖階段，因此工程估價單上的細項、做法及單價數量等，只能概略初抓，可能會因設計調整造成報價變動

內政部營建署公告版
室內裝修合約範本

「建築物室內裝修—設計委託及工程承攬契約書範本」及修正「建築物室內裝修—設計委託契約書範本」、「建築物室內裝修—工程承攬契約書範本」

下載網址：https://reurl.cc/xD2nrz

這裡要特別提醒，政府公告的各種《契約書範本》，都只是基本的簽約參考內容，僅具「參考」而無「絕對拘束」的法律效力。消費者仍應仔細比較各種契約書版本的內容，範本上欠缺的條款內容，消費者比較、思考後，若覺得有必要，在簽約前仍應要求增加進去，絕對不能因為嫌麻煩、條款文字用語艱深等原因，拿著政府公告的範本或裝修業者提供的契約版本，看都不看就貿然簽字！

合約共通注意要點

1 定義立合約書人

所有合約都有這一條，開宗明義確立是和誰簽約，通常甲方會定義為消費者／業主，乙方為業者，在內政部營建署上的範本有要求加註乙方登記證書字號或專業證照字號欄目。

2 簽約標的

需清楚載明案場地址，若為沒有地址的預售屋或空地，則需明載地號、戶號、樓層等資訊。設計面積及範圍也需詳述，有時委託範圍並未涵蓋整個建物，如廚房、衛浴沿用建商交屋狀態，或是透天厝的某個樓層等，要特別寫清楚，以免後續產生爭議。

3 合約期限

意思是這份合約內容的委託工作應完成的期限。一般核算標準有「日曆天」和「工作天」兩種，日曆天是直接定出完工日期，工作天則是列出施工天數，以哪一天起算。合約上要寫清楚是依照哪種算法。

4 爭議處理

這裡主要是定義找哪裡的「調解委員會」或「管轄法院」。依照消費者保護法第47條：消費訴訟，得由消費關係發生地之法院管轄。若真的發生糾紛，屋主住在新竹，委託台北的設計公司設計高雄的房子，合約在新竹屋主現居地簽署，雙方碰面開會都在設計公司位於台北的辦公室討論，認定「消費關係發生地」就會出現爭議，因此通常在合約中就直接指定某地方法院為管轄法院，或載明以標的物所在地區的地方法院為管轄法院。

5 合約份數

合約最常見的形式為一式兩份，由甲乙雙方各執一份留存，但也有經由第三方公證的合約，所以是一式三份，這些都需在合約中註明。

6 立合約書人或簽約人

基本內容需包含立合約書人的個人或公司、法人全名，身分證字號或公司、法人統一編號，個人戶籍地址或公司、法人登記地址。

7 騎縫章

加蓋騎縫章的用意為避免抽換，具防偽功能。若無蓋騎縫章，除了最後一頁有當事人之印章外，其他頁次有被更換的可能。

8 簽約日期

合約最後會有一個簽約日，可能和前面第3項所說的「合約期限」不一定一致，主要是說明這份合約簽約的「時間點」。

設計約注意要點

1 雙方的權利與義務

這是設計合約中相當重要的部分，甲方通常是協助提供相關文件證明、送審資料協助用印、按時付款等；乙方因為是提供服務者，因此包含設計服務範圍及服務費用估價、服務期間及交付圖說義務等說明清楚，另外還有延伸服務如是否陪同甲方出席建商客變會議，給甲方傢具配置建議或陪同選購等。

付款方式一般是階段付款，要清楚說明每個階段完成進度與百分比，以及載明日後監工費的收取方式。常見計價方式為依工程施作總金額，按比例收費，常見的行情是依工程總金額的 3% ～ 10%。這裡的監工費用，指的是乙方僅承接設計，不涉及工程承攬。

2 設計師提供的服務內容

設計服務不僅是規劃及繪製圖面而已，若是預售屋客變，設計師通常也會參與建商召開的客變協調會議；若涉及到結構異動，設計師也代為申請相關執照等。以下是簽設計合約應該提供的圖面，以及每張圖的最小比例尺規範：

(1) 平面配置圖：比例尺不小於 100 分之 1
(2) 隔間尺寸圖：比例尺不小於 200 分之 1
(3) 天花配置圖：比例尺不小於 100 分之 1
(4) 燈具迴路配置圖：比例尺不小於 200 分之 1
(5) 電源插座、弱電插座配置圖：比例尺不小於 200 分之 1
(6) 立面圖：比例尺不小於 50 分之 1
(7) 其他完成本工程內容所必要需求之圖面

3 判定設計師是否履約

在設計合約中，由於設計圖是為屋主量身打造的結果，就像訂製服裝可能需要修改，滿不滿意設計產出端看屋主，在合約中要在以文字詳述有其難度，因此建議屋主根據設計師的收費金額衡量自己能接受的方式，並與設計師議定彼此可以接受的方案，據此簽署雙方都同意的合約。

4 付款方式

設計合約常見的付款方式有：
(1) 簽約 50%+ 完稿 40%+ 修改完成 10%
(2) 簽約 50%+ 完稿 50%
(3) 簽約 70%+ 完稿 30%

5 違約與提前中止合約的處理方式

舉例來說，例如設計師忙到沒時間履約，屋主在什麼狀況下可因設計師違約而逕行提前中止合約；或是雙方合議中止合約時，設計費用的結算基準……若在事先溝通，訴諸合約條文，就能免除真的發生時既要調解、上法院還要受氣。

最低價　　物有所值

工程約注意要點

1 建材與工法的驗收依據

既然是工程合約，請務必在估價單中提供的驗收依據，如：

(1) 計價單位與數量

(2) 品牌規格與型號

(3) 施工或驗收規範或標準

(4) 特定工法或材料的指定

2 雙方的權利與義務

很多不愉快的裝潢工程經驗，就是「拖工」。裝修最怕無預警停工，三催四請師傅都不來，眼看完工日逼近卻毫無進度，飽受到底何時能入住的焦慮折磨。因此建議工程合約中一定要載明未履約的罰責，如無預警停工幾日後就視為乙方違約，後續處理方式等。至於乙方的權利保障，主要是若甲方拖延付款，達什麼情況乙方有片面中止合約的權利，並說明後續處理方式。

3 合約中止時的計價方式

現場已完成的工程，只要合約內將規格、數量標示得夠清楚，兩相對照計算付費金額較不會產生爭議。容易發生爭議的是廠製品和已下訂的料件。舉廚具的例子，也許還沒安裝，但工廠已經將板料都依尺寸製作完成，若此時解約，是要將這個項目繼續完成？還是停工並由雙方吸收訂金及材料費用？這在簽約時，雙方就要事先溝通處置的方式及原則。

4 付款方式

常見的是依工程進度付款，在合約中明訂某項工程完成的時就支付多少工程款。舉例來說，有些會以泥作退場時收百分之多少，或

油漆退場時收百分之多少。也有依日期進行付款的方式，合約中是以到某個日期或某固定週期的時間，雙方依事先議定的工程期款、或實際驗收現場已完成的工程計價，由甲方依約付款。

5 損鄰處理方式

依據民法的精神，鄰戶因工程受損的時候，鄰戶可以求償的對象是房屋的所有權人，而不是施工單位。若想免生糾紛，合約中需清楚載明裝修工程有損鄰情況發生時，應該由乙方負責，若乙方不出面處理，甲方應當聘任善意的第三者出面處理，花費的金額與相關損失由乙方承擔。

6 其他工程衍生的相關費用處理原則

• 水、電費用

施工期間使用的水、電費，應由誰來負擔呢？依台灣室內工程界的慣例，若無事先溝通，這筆費用通常是屋主負擔。

• 社區收取的相關費用

很多社區大樓會收裝潢保證金，通常只要施工的內容、時間、範圍依照社區的住戶公約進行，這筆保證金最後能全數領回，因此不論是甲方或乙方負擔，通常是暫時墊付的性質。此外，有的社區會額外收取施工管理費，或是在施工期間收取每日幾百元的清潔費，甚至也有的社區會收取工程人員使用電梯的電費等。依各社區的情況及收費標準都不盡相同，有時累計下來上看 1、2 萬元，若知道社區管委會有此情況，雙方要事先講清楚由誰來負擔。

7 違建與違法施工的責任歸屬

當然，可以不蓋違建、合法施工是最好的。不過實務上有實務上的難處，因此當違建或違法施工遭檢舉時，是由甲方（屋主）負責還是由乙方（施工方）負責，這可能牽涉數萬元的罰單與停工爭議，一定要事先在合約中載明清楚。

工程合約中的附件越詳列清楚，越不容易產生疑義和糾紛。

攝影 © 江建勳

這裡要注意

設計工程分開簽約預留足夠裝修期

看到這裡，應該了解室內裝修合約分為「設計合約」及「工程合約」，合約的內容關係到日後整個流程的進行。建議最好先簽訂「設計合約」再簽「工程合約」，如果合併一次簽定，形同錯失再次評估設計師的機會。

不過，要提醒的是，若是先簽設計約再簽工程約，最好裝修期是充裕的，如果急著入住，在設計階段來回修改花掉較長時間，又到設計階段完全結束後才開工，整個時程會拖比較久。

合約需訂審閱期

為能詳細了解簽約內容，合約書面不需要當天就馬上簽訂，屋主有權逐一確認、檢視條款，再與設計師簽訂，一般可以有 7 天的考慮時間（審閱期間）；千萬別因為是朋友介紹，而沒好好閱讀過合約就貿然簽字。

附件說明越完整越好

一份完整的合約包括估價單、設計相關圖樣、工程進度表……等各種附件，加上契約條款共同組成，才算一份完整的裝修合約。這些附件都應該要標明尺寸、材質、款式及施工方法等，協助整個裝修過程順利進行的任何事項。

在意的事就寫進合約中

簽約最主要就是雙方的權利和義務，但有時候因為屋主對裝修流程不了解，容易疏忽一些該爭取的權益，因此除了詳讀合約之外，最好把自己在乎而合約上沒有條列的事項要求加註進去，對自己多一份保障。

不吃虧 TIPS

（1）設計師收款後推託出圖、設計師提供圖面欠缺完整甚至只有一張平面圖、設計師繪製圖說不符屋主需求、設計費計算認知有爭議等……為避免上述爭議發生，即使還只是在「設計階段」，屋主也應該要求和對方簽立「設計約」，明確規範。

（2）正式簽約之前，屋主應仔細審視「設計圖說」、「整體或細部工程圖需求表」、「建材選用確認單（或稱材料表）」、「工程（預定）進度表」、「各期工程驗收表」等，只要缺漏其中一部分，將來仍然都有可能發生爭議。這些合約附件，必須和完整的契約條款進行結合，才能有效防堵目前常見的各種裝修糾紛類型。

Point 03 想要的太多，如何在有限空間裡實現？

在平面圖規劃階段，是裝修過程中懷抱最多夢想與可能性的時刻，想要的總是很多，現實卻那麼骨感，在平面圖紙上的來回拉鋸，關係著時間與金錢。因此在規劃居家平面圖時，一定要掌握兩大關鍵：非作不可的一次到位，可有可無的放在一邊。平面配置的第一步，要先確定想要的空間有哪些，居家可分為公共空間、私人空間、服務性空間，了解空間特性後，再依家人的需求及空間大小，進行平面格局的配置。居家空間有限，若能將部分空間賦予兩種以上的功能，便能充分提升坪效，比如說：和室可以兼做書房、衣帽間可以兼當儲藏室，而開放式廚房則可以節省與餐廳間的走道面積等。上述這些做法都可以增加很多空間運用的彈性。

空間功能分類

公共空間	1. 指一般可供家人及客人活動的空間，通常採取開放式設計且設計會大大影響住家空間的核心及視覺主題 2. 如：客廳、餐廳、玄關、和室、開放式書房等
私密空間	1. 具有個人隱私、不宜任意進出的空間，隔間要具遮蔽和隔音性 2. 如：主臥、小孩房、客房、書房等
服務空間	1. 指為特定用途而設的空間，為個人服務的空間在坪數有限時可結合畸零角落規劃提升坪效 2. 如廚房、衛浴、更衣室、儲藏室、衣帽間等

居家空間規劃提示

「家人的需求」是空間配置最重要的關鍵，既要照顧到個別的需求，也需思量綜合效益。舉例來說，若家中有 5 個人，每個人都需要臥房和浴廁，若直接規劃 5 間套房，所需的空間與管線設備配置相當驚人，而且還可能讓家人都躲在自己的小宇宙中互不交流。換個思維，你希望家人未來在家裡怎麼生活互動，不妨從這個思路來規劃空間格局配置。

攝影 ©Amily 設計團隊／游玉玲

打開原空間的實體牆加入坪效讓渡概念，將過道區域整併入客廳、餐廳，不僅使用坪效變得更充裕，也成為一家人凝聚情感的重要場域。

1 從生活畫面找出設計重點

搬進這間房子後，會開展什麼樣的生活呢？是剛成家的夫妻準備迎接兩人世界、想為快滿 3 歲的孩子創造在家學習的環境、為了即將備戰指考的青少年打造能專心學習同時能與家人互動的住家，或是臨屆退休在家時間拉長要有從事興趣的場域……接著從這些生活畫面思考現在到 10 年後的近未來，可能有什麼變化：目前有一個 3 歲的孩子，會不會再多生弟妹，要預留 3 年後上小學後需要寫作業的空間。在現階段的裝修做到既滿足現況與未來變化的彈性，這樣切入格局規劃有助貼近生活現實。

2 視使用頻率規劃多機能空間

是否有過這樣的經驗，參觀別人的新家時每個房間都有不同功能，這是書房、那是客房、還有和室；3 年後，不管哪一間都成了雜物堆積的儲藏室。生活中真的用得到這些空間嗎？這些空間的使用頻率有多頻繁，是否能賦予一個空間多種機能？如果利用架高木地板規劃多功能室，臨窗增設 50 公分深的檯面做為桌面，牆面以櫃體區隔，既能藏書也能收納打地鋪用的寢具，本來要 9 坪現在用 3 坪就有 3 種以上的使用情境，有沒有賺到的感覺。

3 分區分時段共用空間

你家有哪個空間常因 Lush Hour 而導致生活不便嗎？如果大家的使用時間就是錯不開，有沒有可能將空間切分成可同時間讓不同人使用的情境？最常見的就是早上搶廁所盥洗，晚上搶浴室洗澡，如果把洗臉檯、廁所、洗浴區以可獨立使用的方式設計，同時間就可讓 3 人分別作業再交換使用。

攝影 ©Amily 設計團隊／緗工設

空間有限無法再多配置一套衛浴，屋主將衛浴空間的機能：沐浴區、洗手檯、廁所各自獨立開來，一來可以各自使用不受干擾，二來也便於各區清潔。

認識設計師給的圖面

1 平面配置圖

室內設計可說是由這張圖開始的，它主宰空間的邏輯、動線及合理性，也能看出設計師的功力。簡而言之，平面配置圖是由上往下俯瞰全體空間的平面圖，俯瞰高度的定義，一般是由地面算起150cm高度往下看，因此這張圖面只會畫出高度低於150cm的物件，包含外牆窗戶、地板、150cm以下出現的隔間與櫃體、傢具與設備等。

2 隔間尺寸圖

上面會標註各空間的隔間牆長度、厚度、高度。一般來說，在未動隔間牆的情況，這張圖可以不用畫。

3 天花板配置圖

與平面配置圖相反，會畫出由150cm高往上看到的物件，將天花板的造型、樑柱位置、高度畫出來並標明尺寸。如有設計造型天花板時一定會畫出來做確認。

4 燈具迴路配置圖

畫出全室的開關位置、開關高度、燈具位置、燈具迴路。

5 電源插座、弱電插座配置圖

標示全室的牆面、天花板的電源、弱電插座位置及高度。

6 立面圖

表達室內造型牆、櫃體的垂直面（立面）設計。立面圖的數量，原則上根據設計而定，只要不是購買現成規格品傢具、設備，而是在現場或工廠的師傅按圖製作的部分，通常都需要出立面圖來照圖施工。

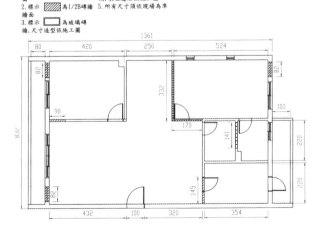

新作隔間尺寸圖

看懂平面配置

圖片提供 © 敘研設計

1 先找到大門入口

看平面圖先找大門在哪，從入口位置出發，找到接下來對應的空間，像是客廳→餐廳→廚房→主臥→衛浴等，循序理解每個區域在整體空間的位置。

2 從窗戶找出採光面

找出空間的主要採光面，通常會建議把自然採光最好的位置留給主要活動空間，整個居家空間就會顯得明亮舒適。

3 主要活動空間的比例

空間坪數是固定的，只能依照生活習慣調整適當的比例大小。像是喜歡全家在客廳聊天看電視的，客廳比例就要大一些；習慣在家用餐或者在餐桌看書的，餐廳區域就大一點。

4 找出空間的關聯性

了解空間的位置後，再看每個區域之間的關係，如入口進客廳前有玄關，餐廳規劃為客廳的一部分，廚房緊鄰餐廳後面是工作陽台；再來看主臥和公共空間的位置或小孩房和主臥的關係，有助建構區域關係的概念。

5 重點收納區域

從平面圖可以看到收納櫃的位置及數量，以下幾處要特別注意：入口玄關是否有鞋櫃、雜物櫃、衣帽間。廚房電器櫃、餐櫃、吊櫃是否充足。臥房衣櫃、更衣間。

6 門往哪邊開

一般分為「左開」、「右開」，指人站在門外，面對門的左右手的開門方向。方向應該以空間需求及使用習慣考量，同時也要考慮到會不會影響到邊櫃設置。

這裡要注意

1 大門不正對陽台、沙發和床避樑下、床頭不對窗

2 門是「左開」、「右開」還是「橫向推拉」

3 開關高度要適中且便於控制光源

不吃虧 TIPS

（1）看圖時設計師會針對每一張圖講解，確認無誤且都了解，建議在圖說上簽名以資證明，不但對對雙方都有保障，也可減少日後糾紛。

（2）設計圖要包括所有具有造型設計的物件、設備，及櫃體門片、抽屜分割、櫃內五金標註、材質指定等。

Point 04 確定設計了，如何判定工程報價是否合理呢？

根據設計圖出的
工程報價請確認。

為了清楚明白自己的每一塊血汗錢花在哪裡，看懂報價單就顯得格外重要。報價單呈現的方式，最常見的有—「工程順序」和「空間區域」，如果是整個空間裝潢，建議以工程順序方式估價，逐條列出施工內容所需的費用，當需要增減預算時，便能一目了然和工班或廠商討論，以避免漏報或虛報。有些取巧的工班有時為了壓低價格搶接工程，會故意「漏寫」安裝或是施工費用，等到屋主簽了工程合約，才告知未含安裝及施工費用，預算就莫名往上加了，因此在看報價單時必須特別注意這些細節。

懶人包速解 學看報價單

確認數量：如果有明確數量，像是開關、插座……等，可以對照平面圖的數量；地板或者磁磚就要確認坪數，但會多估一些作為備料。

確認客戶名稱：以防設計師錯拿估價單。

確認公司名稱、地址與聯絡電話：核對是否為一開始所接洽的設計公司名稱。

確認施作範圍：像是拆除要拆到什麼地方、地板要鋪到那裡，施工的範圍也都需要在備註欄寫明，以免日後有糾紛。

漂亮家居設計有限公司 台北市民生東路2段141號8樓 TEL：02-2500-7578 FAX：02-2500-1916						
客戶名稱：			聯絡電話：			
報價日期：						
項目	工程項目	單位	單價	數量	金額	備註說明
一	拆除工程					
	原磚牆面拆除	坪				保留客廳局部牆面
	衛浴拆除	室				包括天花板拆除＋設備拆除＋壁磚地磚拆除＋門組拆除
二	保護工程	式				地板先鋪塑膠瓦楞紙板＋2mm夾板
三	水電工程					
1	總開關箱內全換新	式		1		○○品牌電線／○○品牌無絲熔開關
2	冷熱水管換新	式		1		
	全式電線更新	式		1		220V／○○品牌電線／規格
四	泥作工程					
	陽台貼磁磚工程	坪		3		30cmX30cmX4cm／○○品牌／○○系列／製造產地／顏色
五	木作工程					
	臥室木地板	坪				橡木地板／9.1cmX12.5cmX1.5cm／○○品牌／顏色
六	油漆工程					
	全式壁面上漆	坪				○○牌水泥漆／色號90RR 50YY 83，2次批土／3道面漆

確認規格：同一項工程所使用的產品規格會影響到價格高低，這也是容易被偷工減料的部分，一定要仔細看清楚。

確認單位：裝潢常用的計算單位也必須知道，不同的建材都有各自的計價方式，才不會落入估價單裡的陷阱而渾然不知。（詳見P138）

確認建材等級：備註欄通常會標明建材的尺寸、品牌、系列及顏色，請要求設計師備註清楚，預防建材被調包，作為日後驗收的依據。不同的建材會產生不同的價格，如果想要降低預算，可以從建材這部分著手。

確認執行工法：價格也會從施作工法反映出來，例如上漆批土或者面漆上幾道也都要了解，一般來說批土至少要2次，面漆3～4以上會比較精細。

報價單中的魔鬼細節

1 裝潢工程的計價單位

由於裝潢工程項目相當複雜，不同工程及建材有不同的尺寸計價單位，以地板材來說，一般石英磚或是木地板計算是以坪算，而大理石是以才為計算單位，1坪＝ 3.3 平方公尺，1才＝ 918.09 平方公分，也就是說 1 才不過 0.03 坪，因此建材的尺寸換算就像出國換算匯率同樣重要，千萬不要之毫釐差之千里，必須了解清楚尺寸如何換算，才能精準掌握預算。

2 單位要清楚，一「式」要附說明

為了含糊帶過報價內容或是針對沒有計價單位的工項，很多工班慣用「式」做為報價單位，但「式」並非精準的計價單位，以木櫃來說，一般是尺做為計價單位，同樣是鞋櫃若有含抽屜，五金會另外標示計價，但「式」不會，所以同樣是鞋櫃，用「式」計價單位可能只是陽春的層板設計。但裝潢工程仍有無法給予精準單位的工項，若非得使用「式」做計價單位，建議要加註文字或附圖說明。

3 標示尺寸外最好附上施工方式圖說

除了計價單位，尺寸也需標示清楚，這樣一來報價內容就不會產生誤解或爭議，除了標示尺寸圖說，最好也附上施工方式圖說，因為不同工法價格也不一樣，以油漆工程為例，批土及面漆上得越多次，價格自然就越高。

4 品牌及型號要明列

即使是同樣品牌不同型號也會有不同的價格，更不要說不同品牌了，雖只是報價，但品牌及型號都標示清楚，才能充分掌握預算，不會因許多的價差而失控超支。

5 數量多寡要標示

價格是依計價尺寸乘以數量，因此數量的多少也影響著報價結果，可別漏看，必須要特別注意。

6 看報價最忌只看總價

裝潢價格會隨建材、工法不同及施作區域大小而有價差；是否含設備、安裝等費用也會影響裝潢的總價，所以裝潢報價不能只看總價，很多追加的發生都是在於報價不清，最容易發生就是廚房或浴室或冷氣等工程，在報價時未計入設備及安裝費用，若是沒有看清楚報價，會造成裝潢過程大筆費用的追加。

攝影 © 蔡竺玲

一樣是臉盆，同一個品牌下就有很多型號，如果沒有事先確定，有可能會和預期產生落差。

看到估價單上都以一式報價要特別留意！是否在分項估價單中有詳細列出各項次的材料及施工估價，才能掌控成本及預期品質。

裝潢工程行情價格區間參考

※ 拆除與清潔工程費用

工程項目	工資	備註
隔間磚牆拆除	約NT.1,000～1,500元／坪	
地坪拆除	約NT.800～1,200元／坪／拆到表層	隨工班拆除
	約NT.1,700～3,200元／坪／拆到底層	技術影響價格高低
衛浴設備全拆除	約NT.5,000元／間	
廚具拆除	約NT.5,000元／間	
全室垃圾清運	約NT.3,500～6,000元／車	

註1：包括牆面拆除、地坪拆除、衛浴設備／廚具拆除，只要有拆除的動作就需要清運費用。

※ 水電工程費用

工程項目	工資	備註
全室電線換新	約NT.30,000～100,000元	以一般20～30坪，3房2廳1.5衛住家為基準，仍需依實際配線長度計算。
全室配線配管	約NT.5,000～6,500元／坪（老屋）	
	約NT.3,000～4,000元／坪（新屋）	
燈具插座與迴路	約NT.900～1,200元／1只	
排水、污水配管	約NT.1,500～2,000元／口	

註2：包括全室電線更新、全室冷熱水管、衛浴安裝，老屋在這部分佔比就會比較重。

※ 泥作工程費用

工程項目	工資	備註
防水工程	約NT.1,000～1,500元／坪	彈性水泥刷塗一次，用進口壓克力防水漆＋防裂網價格更高。
貼地／壁磚	約NT.6,500～8,000元／坪／進口	含工資及水泥沙料，不含磚，磁磚材料另計。
	約NT.4,500～5,500元／坪／國產	
新增隔間	約NT.5,000～7,000元／坪	一般磚牆估價，含雙面粉光、打底。
衛浴設備安裝	約NT.5,000元／間	包含浴缸、臉盆、馬桶、淋浴間和龍頭安裝，不含材料費。

註3：包括防水工程、新增隔間及磁磚工程；要注意鋁門窗水泥填縫有沒有確實做好。

※ 木作工程費用

工程項目	工資	備註
平釘天花	約NT.3,000～4,000元／坪	角料結構支撐材，隨板材等級不同，價格會有所增減。
木作櫃體	約NT.5,500～7,000元／尺／高櫃	240cm以上為高櫃；90cm以下為矮櫃。不含漆、特殊五金，價格依設計難度、施工天數、人數和材料有所增減。
	約NT.2,500～5,000元／尺／矮櫃	
輕隔間	約NT.2,000～3,000元／坪	矽酸鈣板隔間。
木地板（純工資）	約NT.1,200～1,400元／坪	架高另計，材料另計，依材質等級不同，價格會有所增減。

註4：包括天花、地板、輕隔間及櫃體製作，不同的木料建材會影響價格高低。

※ 油漆工程費用

工程項目	工資	備註
刷漆	約NT.900～2,500元／坪	漆料為進口乳膠漆，以一般2次批土，3道上漆計算。
木作櫃漆	只上透明漆／約NT.1,200～1,500／尺	
	烤漆／約NT.1,800～2,200元／尺	
噴漆	約NT.1,100～2,500元／坪	漆料為進口乳膠漆，以一般2次批土，3道上漆計算；若施作在櫃體，則以「尺」計價，約NT.800～1,100元／尺。

註5：不只天花板及牆壁上漆，還包括木作工程後的櫃體、地板上漆；如果木作工程多，油漆費用也會跟著提高。

編按：以上價值隨物價、地區變動，僅供參考。

不吃虧 TIPS

（1）裝潢報價的組成是工資＋材料＋應有利潤，千萬不可不懂行情只是一味殺價法，最後承包者不是不接，就是偷工、偷料。

（2）工程進行期間，如有變更工法、材料、設備等，一定要雙方以書面確認無誤並確認金額後再進行。

<table>
<tr><td>

Point
05

</td><td>

工程監管費怎麼收？
內容包含哪些工作項目？

</td></tr>
</table>

監工費或稱工程監管費只發生在與設計師的合作，若是自己發包工程，不管選擇統包或是單一工程自行發包，都不需要再另外支付監工費用。一般來說，常見用總工程款的 3 ～ 10% 計價，也有事先談好一筆定額或用天數計算的方式，會在設計合約中載明。

監工是為了確保工程品質及進度，即使工程圖畫得很詳細，也已經付錢請設計師代為監工，作為一個關心自己居家的屋主，定時監工還是有必要的。整個裝修流程環環相扣，建議與設計師在訂合約時，就明定階段性工程驗收截點，這樣不致於打擾工程進度，要是發生問題可以即時解決，避免因認知認定落差而產生糾紛。

施工階段流程

施工前需先行
簽訂工程合約

↓

拆除工程進行

↓

防水工程	⟶	泥作工程
水電工程	⟶	空調工程
木作工程	⟶	油漆工程
磁磚工程	⟶	石材工程
金屬工程	⟶	五金工程
玻璃工程	⟶	燈具工程
木地板工程	⟶	窗簾工程
衛浴工程	⟶	活動傢具進場

清潔工程

工程結束流程

工程驗收，合約內要明訂驗
收時間，一般為 2 週左右

↓

工程收尾與
細部調整

↓

正式完工，
搬家入住

這裡要注意

注意合約有無「屋主入住視同驗收通過」

部分在外流通的工程合約，在驗收條文中有「屋主未經驗收而進入使用時，視同工作物已驗收完成」內容，最好在簽約前就要挑出與設計公司討論，建議將條款調整為：「甲方（指屋主）未經驗收而進入使用時，視同工作物之驗收完成。但甲方入住係因乙方遲延完工、自行停工、拖延驗收或甲方已拍照記錄瑕疵時，則不在此限。」

如果合約已簽有此內容，屋主遷入前已先行拍照存證，則遷入前已記錄的瑕疵，不會因屋主遷入而被認定為不構成瑕疵，針對這些已記錄的瑕疵，業者還是要負起修繕責任。

「雖堪用卻不美觀」與「施工品質不良」

目前關於室內裝修「工項的品質」應該符合什麼樣的驗收標準，並沒有明確法令標準。但對大多數屋主而言「室內裝修」的品質要求不只是「堪用」，而還應該達到「美感」的層次。因此，屋主（消費者）唯有在「室內裝修合約」內容中訂出具體、清楚、明確、特別是「驗收標準」這部分的基準，才能更有效保障自己的權益。

攝影 © 蔡竺玲

工地現場工程交錯，不熟悉的人去看很難看出所以然，建議屋主到現場監工，選擇需確認尺寸、顏色花色、安裝設備等。

請設計師代為監工要留意

1 明訂監工回報方式

屋主如果想要關心工程施作狀況，可以與設計師約定時間，以定時、定期的方式找設計師陪同監工。如果真的無法親臨工地，可利用即時通訊軟體或 email，請設計師將現場的情況以照片或影片定時或依工程截點發給屋主，讓屋主也能同步了解施工情況與進度。

2 監工要帶著圖面

監工時建議帶著設計圖、測量工具（捲尺、雷射測距儀）及拍照工具（手機、數位相機），對照工班是否按設計圖施工，尺寸、位置是否如圖所標示，有疑問或不確定的地方，請設計師提出解釋，並且拍照留底，以便有疑義時能夠釐清責任。

3 避免過度干預工程

施工是一門專業學問，如果不是很了解工法，但現場又有疑問，最好在設計師陪同監工時提出討論；屋主陪同監工時，建議以「了解狀況」的方式進行，有疑義則直接找設計師討論，若隨意在現場更改或干預設計，容易造成日後糾紛，還有可能增加不必要的預算。

4 重要截點務必確認

在工程進行過程中，工地通常是非常混亂，若沒看到重點去了只是浪費時間；建議選擇需要確認尺寸、造型、顏色或驗收建材的階段來監工，才能掌握關鍵並減少爭議發生。

5 有問題即時反應

如果在監工的過程中真的察覺有問題，例如材質和當初設計師提供的樣品不同、櫃體尺寸不對、壁面顏色有落差、安裝的物件品牌不符時，要立即向設計師反應當下解決，如果等到都做完了或到驗收時才提出，都為時已晚。

6 請設計師提供設計備忘錄

設計備忘錄主要是記載各空間的使用需知，例如五金使用的注意事項，不同材料保養清潔方式及注意事項，水電管路原始圖及竣工圖，有助於屋主更了解自己的居家空間，同時便於日後修繕維護。

裝潢進度表管理工期

專業設計公司會提出「工程進度表」，就是施作工程的順序和時間，可以估算整個工程所需的時間，屋主也能掌握進度。從工程進度表中可以清楚地看到「工程項目」、「工期」、「開始及完成時間」，還有當天作業項目、材料工法等説明，這樣可清楚掌握建材到工地的時間，以及工程之間的銜接，避免當天要施作的工、料沒來，如有拖工也一目了然。

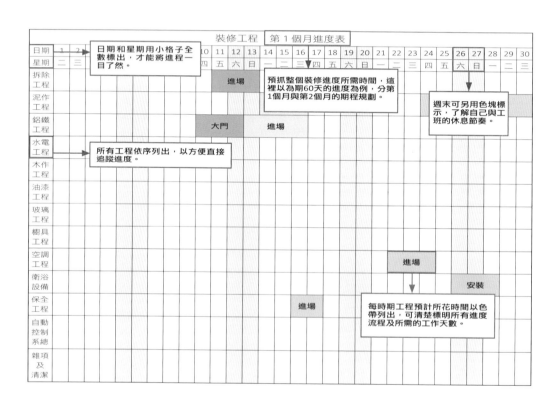

裝修工程　第 2 個月進度表

日期	1	2	3	4	5	6	7	8	9	10	11	12	13	14	15	16	17	18	19	20	21	22	23	24	25	26	27	28	29	30
星期	四	五	六	日	一	二	三	四	五	六	日	一	二	三	四	五	六	日	一	二	三	四	五	六	日	一	二	三	四	五
拆除工程																														
泥作工程																														
鋁鐵工程																														
水電工程																													燈具面板	
木作工程	大門																	丈量									系統櫃			
油漆工程																							進場							
玻璃工程																					丈量						安裝			
櫥具工程																				丈量								安裝		
空調工程																								安裝						
衛浴設備																											安裝			
保全工程															進場												安裝			
自動控制系總																														
雜項及清潔																													進場	

045

裝潢驗收 Check List

【門．窗】
☐ 確認門窗方向如左、右外開或左、右內開
☐ 門窗關上時門框、窗框間隙要密合
☐ 門窗開關時平順沒有奇怪的聲音
☐ 試轉鑰匙、門鎖確認動作流暢，沒有鬆動
☐ 紗窗安裝平整，開關順暢密合

【牆壁】
☐ 牆磚鋪設平整，沒有不平或破損
☐ 水泥牆面披土平整，沒有凹凸不平
☐ 水泥牆面沒有油漆刷痕或塗料流痕
☐ 貼壁紙處拼花要確實對花

【地面】
☐ 地磚平整沒有高低不平或破損，水平、垂直線對齊
☐ 輕敲地磚，聽聽有沒有空心的聲音
☐ 木地板踩踏沒有聲音
☐ 木地板有做收邊，並且填縫平整
☐ 木地板平整沒有翹起或變形

【木作櫃體】
☐ 櫃門、抽屜開關順暢，沒有怪聲
☐ 櫃子的門片闔起時高低一致
☐ 門片、櫃體沒有損傷、破損
☐ 貼皮木作邊角沒有翹起
☐ 櫃體五金沒有生鏽

【開關．插座】
☐ 插座位置、數目與設計圖符合
☐ 插座測試並確認有通電
☐ 開關控制對應燈源正確且電燈會亮
☐ 插座面板平整安裝
☐ 電視、電話及網路測試收訊正常能通話、上網
☐ 總開關箱內迴路標示清楚、正確
☐ 強電應與弱電分開設置，避免造成訊號干擾

【廚房】
☐ 廚房櫃體、抽屜開關順暢
☐ 廚房櫃體、抽屜內附配件無遺漏
☐ 洗碗槽龍頭出水正常，排水口不阻塞，水槽下方不漏水
☐ 瓦斯爐開關正常，下方瓦斯接管牢固不鬆脫
☐ 配有電器實際測試是否正常運

【衛浴】
☐ 洗臉盆、浴缸的龍頭、花灑出水與落水頭排水正常，關緊後沒有滴水現象
☐ 蓮蓬水壓測試，出水力道足夠
☐ 龍頭、蓮蓬頭銜接處緊密不漏水
☐ 馬桶操作順暢，沖水、排水正常
☐ 地面洩水良好不積水，排水口以水管注水測試無阻塞
☐ 抽風扇或暖風機運作正常

工程驗收的要點

1 對照施工圖驗收

為了讓驗收工作順利進行，在前往驗收前要記得攜帶幫助驗收的工具，才能事半功倍。像是攜帶「施工圖樣」依圖確認，圖樣上都有詳細標明尺寸、施工方法，驗收時才有依據，確認工班有沒有確實施工。

2 確認建材設備

帶著「估價單」對照實際材料、品牌及數量是不是如估價單上所寫。還有「便利貼、拍照工具、水管、量尺」都要帶，驗收現場難免會有需要改善的地方，可以便利貼標記，或拍照記錄，再和設計師討論解決方法。

3 索取電器、設備保證說明書

空間所安裝的電器用品，像是瓦斯爐、抽油煙機、烤箱、洗碗機、烘碗機或咖啡機等，都要記得索取說明書和保證書，方便日後使用及確認保固期及維修。

4 預留尾款做改善籌碼

工程款項最好預留 5 ～ 15％的尾款，等到驗收無誤確認交屋後才支付；如有發現問題的地方可以延後支付，並要請設計師限期改善，這些細項都要在簽約時一併清楚明訂。

5 保固並非無限期

一般正規設計公司，大多會給予 1 年左右的保固，在非人為故意的損壞狀況，設計師都會負責維修，如果在入住 1 年內，有任何居住上的問題，都可以請設計師協助解決，一旦保固期過了，基本上，設計師是可以不必負責的。

6 預防「有名無實」的保固

簽約盡量選擇有一定信譽、口碑的公司，且落實簽約對象之事先徵信，例如，從「票據信用紀錄」中的「關係戶資訊」，如果可以看出對方開過很多家公司，而「公司及分公司基本資料查詢」結果，各家公司經營時間均不長，則對方很明顯是利用不斷設立不同公司的手法，規避法律上應負的責任。

那裝馬桶要…

先泥作再木作

不吃虧 TIPS

（1）委請設計師監工，有問題直接和設計師反應，請他解決或共同商討，不要自行指揮工班修改，導致權責難以釐清。

（2）在工程進行期間階段驗收，避免最後完成得差不多才一次確認，若要調整修改，拆掉重做曠日廢時，還可能增加費用。

Point 06 自己發包，會省到錢嗎？

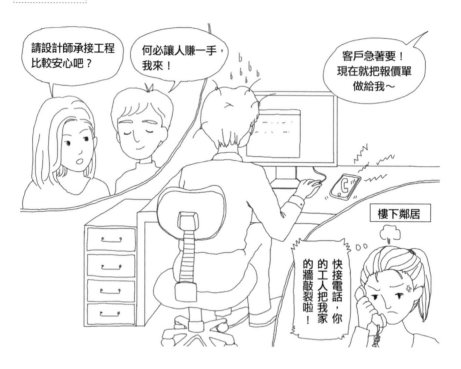

小資屋主們更想要透過自己發包方式完成裝潢，但是往往與工班之間的糾紛問題也層出不窮，還不見得省到錢！許多人一輩子可能只會碰到裝潢問題一、兩次，這項知識學校沒教，親朋好友眾說紛紜，媒體網路資訊廣雜難以辨別。裝潢不像上網買衣服，不合穿反正單價低損失有限，裝潢預算單位動輒以萬起跳，本想省錢自己發包結果搞到比找設計師貴，和師傅溝通不良做出來面目全非，做對了還是做錯一頭霧水。準備裝潢的你，最好先瞭解自己究竟適不適合發包，發包方式有哪些，再來決定自行發包與否。

找到適合的裝潢方式

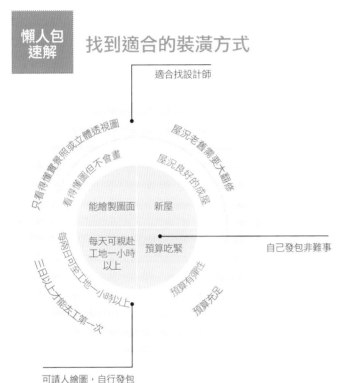

適合找設計師

只看得懂實景照或立體透視圖

看得懂圖但不會畫

屋況老舊需要大翻修

屋況良好的成屋

能繪製圖面 新屋

每天可親赴工地一小時以上 預算吃緊

自己發包非難事

每兩日可去工地一小時以上

三日以上才能去工第一次

預算有彈性

預算充足

可請人繪圖，自行發包

左方圖表將圓分成四等分，左上 1/4 圓：圖面規劃力，右上 1/4 圓：屋況新舊，左下 1/4 圓：時間彈性度，右下 1/4 圓：預算充裕度，內圈代表「適合自己發包」、中圈代表「可考慮找人設計繪圖，自己發包工程」、外圈代表「適合找設計師」，可利用該表檢驗自己適合哪種裝潢方式，或是若要自己發包，了解需要增進哪些能力。

從屋況評估能否自己發包

屋況越好，所需裝潢的項目就越少，除省錢之外，失敗的風險也相對較低，而屋況越差，則需要裝潢的工程項目相對較多，若沒配合好，容易導致費用追加，而屋況主要是取決於屋齡及屋型，因此建議讀者可參考下列的施工項目困難指數，再擬定自己要用什麼裝潢方式：

施工困難指數

屋況	難易度	屋況	難易度
新屋	★	二十年以上老屋	★★★★★
預售屋	★★	頂樓加蓋	★★★★★
八年內成屋	★★	透天	★★★★
九年以上中古屋	★★★	別墅	★★★★

自己發包前先建立觀念

1 真的要省，要有部分自己動手作的決心

裝潢費用要付現金，口袋深度是再現實不過的問題，因此在預算吃緊的時候，如果能省的都省了，替代做法與替代建材都考慮進去還是不夠，但又是不想妥協的項目，就要評估是不是有部分工程要自己動手了。

舉凡刷漆、裝設塑膠地板、貼文化石牆、貼壁紙、裝窗簾等不涉及結構、水電管路安全性的工程，是可以 DIY 的，坊間賣場也有出售 DIY 工具及材料，也可諮詢賣場駐點人員施作注意事項。家中一角是自己親力親為完成的，還多了對家情感面的認同。

2 了解裝潢行情價用知識打敗恐懼

買米不知米價，不是開出低於常識的價格被人笑，就是被當成凱子海削。裝潢價格確實並非人人都該知道的常識，但既然要做下去了，工一天多少錢，材料怎麼計價，一定要先打聽心裡有底。「國產」「拋光」「石英磚」「一坪」（都是關鍵字）多少錢，問這個問題還要有尺寸條件，是 60X60 公分還是 80X80 公分，尺寸不同材料價格和貼磚工錢都有別。

3 從生活圈範圍內找工班

從來沒發包過工程，第一次就要找到有默契、價格漂亮、施工品質佳的施工團隊或師傅是非常困難的事，就連經常發包的設計師，也要試過幾次才能找到可長期配合的工班，即使長期配合也可能因個案不同產生問題，但在長期合作的基礎下，通常工班都會協助解決問題。

因此，建議自己發包者，可從居家或生活圈周邊尋找工班廠商，有店面尤佳，一則開店做生意口碑鄰里很要緊，再者是有問題打電話找不到人，還有店面可以追。洽談時以閒聊的方式詢問是否有相關證照，有沒有正在進行的工程或已完工的實績照片可看，最好能到工地現場看，言談間要評估對方是否為有責任感、有誠意解決問題的人。

4 不要讓工班覺得你不懂裝潢

許多人對裝潢的恐懼是「怕被工班牽著鼻子走」，「想這樣做但師傅說不行」。就像買基金和保險，如果沒做功課不夠了解，就容易被業務員的話術牽著鼻子走，有知識就有不被騙的力量，但第一次發包不可能懂每項工程的做法，關鍵在於建立第一印象！

針對自己要發包的工程項目，先看書或上網查專業術語（行話）和幾種做法，與廠商或工班洽談時，不經意講到行話或做法，和他們討論某項工程這樣做好嗎，建立「我有做功課，不是什麼都不懂的肥羊」，當你肯定並尊重對方的專業，對方通常也不敢唬弄你。

30 秒學會「假裝專業」裝潢術語

天花板	天篷（台語發音）
磁磚	太魯（台語發音）
平方米	嘿妹（台語發音）
公分	SAM
收邊	兩種材料的銜接或邊緣修飾，問師傅怎麼收邊是相當專業的問題
批土	通常是油漆牆壁前的工序，將水泥牆修飾平整
膨拱	因材料（通常是水泥）膨脹而產生中空現象

怎麼評斷找他施工能放心

Check 1 地緣關係	1 工班或廠商在住家附近或自己的生活圈內,有實體店面尤佳 2 開業時間越長相對有保障,但也不是絕對的
Check 2 相關證照	依行政院勞委會、內政部營建署、經濟部等單位核發的工班、裝修資格證照如下: 1. 水電要有甲種或乙種水電匠執照,另有室內配電技術士執照、配電線路裝修技術士 2. 涉及天花板、隔間牆等改造空間的工程需持有裝修執照,若無只能承攬裝潢工程,如壁紙、窗簾等裝飾性工程 3. 水泥、砌磚技術士執照 4. 傢具木工、裝潢木工技術士執照 5. 建築物室內設計、建築物室內裝修工程管理技術士執照 編註1:早期有些老師傅經驗老到但不一定考有執照,領有執照只是一項評估指標,不能完全代表沒有問題。 編註2:勞委會核發的技術士執照分甲乙丙三級,甲為最高,丙為最低。
Check 3 工程實績	1. 親自造訪正在進行的工程工地 2. 看過往完成的實績紀錄
Check 4 鄰里口碑	1. 詢問廠商或工班的鄰居,了解是否有過糾紛 2. 從和該廠商或工班合作的人,了解合作的狀況
Check 5 為人處事	1. 可從店內陳設、是否主動掛出相關證照與工程實績照判斷 2. 接洽時可丟出假設性的問題,聽聽對方是客觀中立陳述,還是譁眾取寵、或一切責任都推到發包者身上,這樣就要留心

5 管理工期要一併考慮客觀條件

關於拖工這件事，先屏除惡意拖工，通常原因有四：一、工班同時有多處工地在進行工程，二、你的工程太小太瑣碎，三、在裝潢旺季發包，四、材料特殊或未能準時送達工地。

裝潢是一環扣著一環，也要給材料合理乾燥、黏合的時間，評估完是六週的工期，先凹要四週完成，目標就已被架空，更別提臨時有個小狀況，今天要做材料沒到，連日下雨空氣潮濕水泥未乾，管理專案要留彈性，管理工期道理也相同。

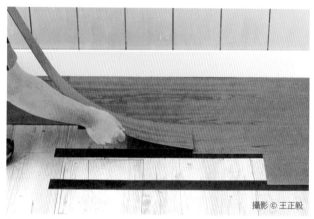

攝影 © 王正毅

自己鋪塑膠地板，可省下不少工資，但相對就要花時間學和自己鋪設。

發包狀況題 Q&A

材料不對，統包落跑，該怎麼辦？

A：發生問題就避不見面，是發包工程時經常出現的狀況。首先要看材料是歸誰的，再檢查現場師傅是否有和他人簽保管約，把東西打包好，將工具材料拍照存證結算，並請第三公正者證實，完成 3 次告知取證未得回應後，才算完成法律程序，這裡要注意！需等到法院判定之後再請別人來做，千萬別拿原材料找別人接著做，萬一統包又回來，反告毀損、侵佔材料，或是反告偷竊，想請他復工就採取法律途徑，以確保自己的權益。為「使用建材與合約上註明的材料不同」，可以援引民法第 493 條第 1 項規定：「工作有瑕疵者，定作人得定相當期限，請求承攬人修補之。」民法第 497 條第 1 項規定：「工作進行中，因承攬人之過失，顯可預見工作有瑕疵或其他違反契約之情事者，定作人得定相當期限，請求承攬人改善其工作或依約履行。」限期要求「統包師傅」負責補正。如合約（估價單）中有關於逾期罰款的條款，屋主可援引求償的依據。

這裡要注意

1 是否有營利事業登記證

工班良莠不齊，了解有沒有營利事業登記是對自己的一種基本保障，以免事後遇到不負責任的工班，沒省到錢反而製造更多糾紛。

2 找和設計師配合過的工班

同樣是工班，擅長的工程也有不同；如果自行發包，建議找有和室內設計師配合過的工班，他們會對居家裝修的工法以及細節比較了解。

3 具備專業知識及手藝

並不是拿了鐵鎚就會好好釘木櫃，拿了抹刀就會好好鋪水泥，工班品質有時真的很難掌握，想要保障自己，請先了解一些基礎工法，再問問師傅一些工程上的問題，具備有專業知識的師傅，通常都能給予適當的建議。

4 能提出細目清楚的估價單

很多工班到現場評估後，只會大略寫一個價格，並沒有詳細列出工程細項，看似價格便宜，但這很容易造成事後追加費用，好的工班能提出清楚的工程細項、數量、單價及金額。

5 水電工需出示證照

裝修包含很多工程，例如木作、泥作、水電、油漆及空調等，一般木作或泥作沒有專業證照，但是水電工顧及居家安全，需要有乙級電匠及甲級技術士的證照才能執業。

攝影 © 許芳銘

自己發包裝潢，盡量不要做太複雜的造型，不要選施工難度高的建材。

不吃虧 TIPS

（1）一般承接工程的工頭多為木工出身，因此建議最好能至這個工頭的案場參觀。

（2）自己發包工程別太過複雜，如櫃體決定用系統櫃，便系統櫃做到底，或統一由木工師傅統包到底，又是木工又是系統交錯，最後責任分工不清，容易導致糾紛。

（3）清楚每個工程的銜接，在對的時間做對的工程，就可以掌握預算及時間不浪費。

Point 07 比價要比什麼？最低價省了錢但可靠嗎？

一間房子的裝潢工程琳瑯滿目，如何將錢做最合理的運用，首先，必須注意落實實際需求，可把裝修工程分為「非做不可」、「做了也不錯」、「不做亦無妨」，依優先順序排列預算。再者建材價格也是影響裝潢費用的關鍵，不同等級、產地的建材，有時價差好幾倍，預算不足也可選用替代性建材。詢價前即使完全不懂工程也沒關係，用累積法，找3～5家廠商比價，就能大致了解可行的施工方法及價格帶，問過第一家之後，第二家就可以用從第一家所得來的訊息來反問第二家，多問幾家不只可以累積知識，也可以從中去判斷承包者的專業度。

懶人包速解 找到適合的裝潢方式

估價單比價這麼做

檢視各工程總價	1 即使用同一份設計圖讓不同承包者估價，估出來的總價與各工程小計都可能不同，這牽涉到對方工程強項、運營形式等因素
	2 從每份報價單各工程費用的佔比，可看出該承包商重視什麼，或在哪個工項著墨較多，佔比較高的工種是否是屋主也在意的項目
對照同工程的細項	1 逐一核對各報價單相同工程的「施作項目」、「工法」、「建材品項與尺寸」、「單價」、「數量」
	2 從文字描述的詳細程度，是否附有參考圖片對照，可做為判斷承包商做事態度的參考
是否可能藏有隱匿費用	檢視有沒有哪一份報價單中，出現別家沒有的項目，或是每家都有僅它獨漏，針對這些部分詢問報價單位

發包狀況題 Q&A

收到三家公司報的估價單，為何有的木工貴？有的泥作貴？如何判斷？

A：收到報價各品項價格會有落差，主因是牽涉到師傅的資歷及施工細膩度，尤其是木作與泥作最容易發生報價落差，這兩項工程的師傅都需要較長時間的養成，資歷越深經驗相對豐富，當然每日工資也不一樣，判斷點在於施作出來的品質及細膩度，建議看過施作成品後，再做決定會比較精準。

建材要如何挑選、彼此搭配，才不會風格不合？

A：建議可先從挑選地板開始，接著再延伸至牆面的樣式或花色，像要刷什麼顏色的油漆，或是搭配哪種花色材質的壁紙、多大尺寸和花紋的磁磚等，至於天花板最好是越簡單越好，如果為了修飾管路又不想降低天花板高度，可做局部層板式天花板。

建材訪價採購要訣

1 採購集中省更多

除了固定工資外，影響裝潢價格最多的莫過於建材的費用，因建材的等級差距大，價差也跟著變大，且採購間才需具備相當的專業知識，很多時候調整裝潢預算就從建材開始，有大量購買需求，可以到一般傳統建材行購買，集中議價創造價差空間。

2 一物多用分攤成本

統一採買一種建材，運用在不同空間角落，量大購買平均分攤單價。

3 非用進口、稀有建材嗎

近來國產品牌的品質、技術、設計樣式也越來越進步，比起進口品牌不一定遜色，國產品牌不但價格便宜且售後服務也較完善。想省建材費用就選常規尺寸的建材，以磁磚為例，60cm×60cm 是常見尺寸價格較為便宜，若選擇 80cm×80cm 或 10cm×10cm 磁磚，不只因為尺寸特殊較貴，也會因工法較難增加工資成本。

4 找尋替代的建材

裝潢要省錢一定要替代建材的概念，像是木地板可分為實木、海島型、超耐磨三種，實木地板 NT.8,000 元／坪以上，超耐磨地板 NT.3,000 元／坪以上，其價差到兩倍以上，只要懂得替代就可以省下不少錢。

5 找對通路採購少走冤枉路

建材販售通路仍以實體通路為主，建材行或公司可選購的建材品項多元，但店家較分散，主要客戶為工班及設計師，需要大量採購才能壓低價格；而大型賣場價格為公定不二價，但適合量少固定數量、習慣節省時間的消費者，不用跑很多地方，就可以把東西一次買齊全；雖現在也有網路賣場、店家及部分大型賣場有網購服務，可是網購建材品項有限，主要以塗料及照明為主。

估價單比價這麼做

通路	優點	缺點	備註
建材行或公司	品項多元，可議價	地點分散，採購花時間	需大量採購折扣才會高
大型賣場	可少量採購並一次購足	價格硬不二價	價格雖硬但有不定時主題促銷
網路賣場及店家	方便、省時、便宜	可選擇品項少且看不到實物，容易產生落差	可一次進行多家比價

掌握各通路特價方式及時間

1 傳統建材行

若一次能在同一家建材行買到多數的東西，可依量或總價和建材行議價，集中消費，相對來說議價空間更大。也可以詢問老闆有無過季的庫存品或瑕疵品，通常比線上價格還會有折扣。

2 大型賣場

平日多為不二價，不過每年會有數檔主打不同季節的主題性促銷，促銷訊息可見於DM、FB 粉專或以電子郵件通知會員，若已計劃裝潢可先加入各大賣場會員，第一時間掌握相關資訊。

3 網路賣場及店家

電商販售的居家用品，多為家電、設備及傢具等，可注意折扣訊息或團購促銷活動，可直接打關鍵字，一次迅速進行多家比價。

攝影 © 沈仲達

選用相同尺寸磁磚運用不同拼貼方式，就能創造視覺變化

不吃虧 TIPS

（1）在裝潢時容易把焦點放在硬體工程上，忽略了傢具才是真正能帶出空間風格個性的重點，把大部分預算花在硬裝的結果，最後只能潦草買傢具。建議預算有限的人，硬裝以解決空間格局、房屋體質為主，多分一些預算比例給傢具。

（2）不要盲信 A 一定比 B 便宜的說法，裝潢是客製化的消費，還是要看內容配備怎麼做。例如木作櫃與系統櫃沒有絕對哪種比較便宜，還是要比較後選擇適合自己的做法。

Point 08　聽説裝潢十之八九會追加，怎麼做才不超支？

曾聽別人説自己的裝潢經驗，估價 250 萬，最後做完近逼 400 萬，較原預算超支近 60%，這放在工作專案中是多大的失誤！不過仔細想想，裝潢花費項目説有百條也不誇張，每一條都多個 2,000～3,000 元，更別提某些建材是以坪、尺、片為單位，單價加個 1,000 元聽起來不痛不癢，乘上數量「後座力」驚人！每個人心中對該花、不該花的那把尺都不同，尤其是承載著畢生夢想的新家，即使夫妻也可能各有堅持。不過在此必須提醒大家，裝潢工程中有太多細節，每個動作、每項材料、每多一天都是錢，想多作什麼、用好一點，成本不可能消失，只是被轉嫁到哪去，沒有調高建材等級、提高設計強度，還想用一樣的預算完成，因此面對追加，一定要謀定而後動！

| 懒人包速解 | 拆解裝潢預算的 6 分法 |

設計與製圖費用	1. 設計費主要是委託設計設計時支付，若自己發包或找系統傢具、廚具廠商不一定會收取 2. 可調整性較少
基本的室內硬體費用	1. 包含隔間、泥作、鋁窗、水電、地板材、空間粉刷等 2. 可調整性較少
基本的室內軟體費用	1. 包含收納櫃、板壁、隔屏、燈具、床頭櫃／板、五金、裝飾建材等 2. 可調整性稍多的範圍
可分割的專業項目費用	1. 包含廚具、電器櫃、衛浴、音響、空調、全熱交換器、地暖等 2 可調整性稍多的範圍
活動傢具及裝飾品費用	包含沙發組、餐桌椅、床組、牆櫃飾品等 可調整性最大
雜項支出費用	包含電器、窗簾、保全、清潔、搬家 可調整性最大

其他方法抓預算

1 從屋況抓預算

屋況好壞會直接影響到裝修預算，新屋和舊屋需要的裝潢費相差會超過一倍以上，因此必須依屋況作為考量點之一，當然，估出的價錢也會依你要求的裝潢項目而增減。

不同屋況預算粗估價格帶

屋齡	預售屋	新屋 ~10 年	10~20 年	20 年以上
每坪單價	3~5 萬	3~8 萬	8~12 萬	10 萬以上

攝影 © 尤仲達

老屋翻新預算有限時，設計師會將屋主需求對照屋況判斷，提出折衷方案，例如保留原有天花板，僅包覆樑柱隱藏管線，省去全室天花及嵌燈費用；原始地板為平整磁磚，直接鋪上木地板減少拆除費用。

2 依每坪列單價抓預算

坪數當然會影響裝潢的價格，而不同的空間別也會因建材等級、施工難易度等因素，造成極大的單坪價差，所以只做局部裝修的人，也可依空間來抓預算。

個別空間裝潢預算表

空間	浴室	廚房	主臥	客廳	餐廳
每坪單價	NT.8~10 萬	NT.9~15 萬	NT.2~5 萬	NT.2~6 萬	NT.2~4 萬

上表以 28 坪住家 10~20 年屋齡使用國產建材粗估。

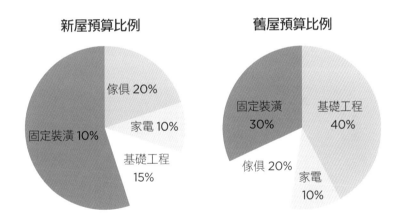

新屋預算比例　　舊屋預算比例

3 裝潢佔房價百分比速算法

以投資報酬率來看裝潢這件事，也可用房屋的買價為計算裝潢費用的依據，一般來說，新屋的裝潢預算約佔房屋總價的 10%，舊屋裝潢大概佔房價的 20% 以上，也可據此思考這次裝修會住多久，日後如要出售，加上裝潢費後是否符合所在區域行情。

4 運用預算分配比例法則

也可從需要施作的工程項目著手，合理分配手上的預算，再決定各項目要選擇什麼建材、作法。這是比較能夠扣緊預算的作法。一般分配預算時，新屋比較著重於固定裝修，而老屋則應著重基礎工程，其內容配比大概如上圖：

預算控制：純設計與設計＋工程

1 先簽設計約、再簽工程約

以先簽了設計合約，繪圖完成後再進行估價、討論工程合約的情況來看，由於在畫設計圖、討論的過程中，屋主和設計師應該已決定了大部分的建材、工法、五金配件等細項了，照著圖面編列的預算估價單，可以調整的空間就相對不大。

此時若估價結果金額與屋主心中的預期和價值觀接近只超出一些，可以透過局部微調來達成原定的預算目標，例如換掉某項指定的建材，改用相對低價的替代建材；不過若是差距達四成以上，就不是微調就能解決的事，可能得要回頭修改設計，有重新來過的心理準備了。也有在設計階段屋主就先提出總預算上限，請設計師據此進行設計的情形。

2 設計、工程約合併簽

以設計＋工程一併簽合約的情況，由於簽約時設計圖還沒畫，便可先逐項將工程預算訂下來，設計公司再依據訂下來的預算去畫圖。當然，圖面討論的過程中，也會發生屋主要求的項目大幅超出設計師在預算內能給的內容，導致雙方協調不出一個合理方案。

若想預防這種情況發生，建議在討論估價時，屋主和設計師要為每一項工程的施工水準討論出共識，才不會造成認知落差，導致彼此越談越不愉快。

攝影 ⓒ 江建勳

簽約後產生的預算追加不外兩種情況：一是估價單不夠詳細或施工過程設計師提新的建議；二是屋主自己升級建材、設備，積少成多。只要與原合約、估價單中產生出入，雙方一定要以書面明訂，才能免生糾紛。

這裡要注意

1 詳列工程項目

不論設計公司或工班提供的估價單,包括材料、工法、規格等等,內容愈詳細,對屋主來說,愈有保障,一份詳盡的估價單,軟體跟硬體(如工跟料)應分開列表。

2 逐項註明每種材質名稱

包括規格單位、數量、價格,甚至可更進一步標註品牌等級、型號與產地。另外,施工手法也與報價息息相關,工序、工法的複雜度與難度,都會影響工程品質呈現與整體裝修費用。

攝影 © 楊宜倩

建材價差甚大,預算有限時,改變建材等級是控制預算的起點。

不吃虧 TIPS

(1)建議為住家裝修訂出一個明確的標準,在設計、估價、施工過程中時時回想這個標準是否達到,如果想要超越原本訂下的標準,願意或有能力多付多少錢。

(2)惡意的追加要在洽談及簽約過程中就時時留意,不要讓自己從書面文件起就吃虧。

Point 09 報價超出自己的預算，如何擬定 Plan B ？

想節省開銷避免超出預算，從細節上精打細算是不可避免的，但在陷入複雜的工法、材料研究，在各個報價單間上演期望與現實的拉鋸之前，對於「裝修」的概念和所抱持的心態，才是決定最後花費的關鍵。一開始蒐集裝潢資料時，難免受到美圖誘惑什麼都想要，堆疊上去的結果就是回頭再刪減。但若居家空間真的有非解決不可的問題，像是結構受損、嚴重漏水、管路老舊不堪負荷等狀況，關係到生命財產安全一定要優先處理，把裝潢預算重點分配在改善這些問題的基礎工程上，未來有預算時，再做局部或小工程逐步落實。

轉念為缺點 找出優點	1. 放下固執與成見，換個角度，延伸想像，缺點就能變優點 2. 例如三房想改兩房，一轉念多的房間可以打電動或做瑜伽，是專屬自己、不用擔心家人打擾的小空間，還少了拆除牆、修整的費用
沿用舊物 創意改造	1. 省錢最高原則是「不做最省」，舊物狀態良好，就不一定要打掉重做，有時候只要做一點修改，就能煥然一新 2. 例如木作櫃和金屬門都可以重新噴漆，幫舊櫥櫃換門把也有另番風貌，舊冷氣經過清洗保養，也能繼續使用，並省下數萬元
訂製用在 刀口上	1. 不論訂製什麼東西，除了才料費用之外，工資也所費不貲。以傢具來說，很現實的是，除非是頂級高端的工匠，許多時候訂製不代表較佳的品質 2. 品牌工廠的嚴密品管加上機器生產的精準，人工想要企及需要更多倍的時間和精力，絕對不是划算的投資。 3. 預算有限時只有一種情況下再考慮訂製：空間狹小，想將坪效發揮到最大：例如 8 坪單位內的收納，這時訂製才會發揮效益
尋思可達同 樣目的的替 代方案	1. 尋找替代品不只是找更便宜的同類品而已，有時候跳出框架思考，從功能目的著手，思考有什麼其他東西可以達到同樣的功能 2. 例如以一張板凳取代床邊桌，可以放夜燈、儲物盒，就有與床邊桌同樣的功能，甚至當座椅，不但便宜還有更多功能
分階段先做 最要緊的	1. 以「是否可入住後動工」作為分段點，記住家是不停變動的有機體，成員來去以及生活形態改變，甚至連興趣喜好的變動都會影響空間動態 2. 今天的需求不見得是三、五年後的需求，永遠記得保留彈性
簡單小工程 自己動手做	1. 很多人聽到 DIY 就卻步，但其實有很多不複雜的小工程，自己動手可以省下不少費用 2. 例如新成屋的油漆，不需要批土、又只刷主題牆面的情況下，自己動手可以省下約 NT.2 萬元；沒有油漆打磨批土的細粉塵，自己清潔更可以省下近萬元。

預算不夠如何解套

1 分階段裝修

並非所有的裝修內容都要一次完成不可，若
預算有限，不妨依序分階段、挑項目來施工。
考量的先後順序為：

非做不可的裝潢 — 每個人的情況不同，一般來說是改善結構、格局調整、防水工程、水電工程等

機能較強的裝潢 — 每天要用、長時間要用的，例如廚具、衛浴、門窗等

固定的裝潢 — 例如泥作或鐵工如能早期施工，可避免日後的污染與破壞，也省下保護及垃圾清運的費用

活動的、現成的裝潢 — 窗簾、櫥櫃、地毯等傢飾品

攝影©Yvonne

採用賣場現成木櫃自行剔除背板，質感瞬間升級。

2 降低建材等級，使用替代建材

高檔的建材在質感的呈現上或許令人心動，然而在預算不足的狀況下，有一些質感類似且價格較親民的建材，適合拿來做第二選擇。

3 設計造型盡量簡化

例如將弧線設計改成直線條，少用造型線板、避免使用特殊的五金與鐵件（鐵件價格較高）、避免曲折的動線，這樣可以有效控制地板或牆面的損料產生。

4 門框不換只換門片

門框的安裝常會比門片費貴，油漆的處理也比門片費工，光門框就占整組門的價格 1/2 以上，所以能不換盡量不換。

5 多用國產製品

國產製品在基本機能上其實不輸進口品，價差主要是在運費和設計精巧度，所以價差是以倍數計算。如果能多用國產製品，可以省下不少預算。

6 選擇適合的付款模式，減輕現金壓力

基本上付款方式可分為：1 訂日期按時給付；2 工程進度給付；點工點料每 7 或每 10 天給付，五金及材料錢以收據結算。

攝影 © 沈仲達

原本深色的舊櫃子重新上漆，淺粉藍色降低壓迫感，瞬間轉換臥房的樣貌。

不吃虧 TIPS

（1）裝潢基礎工程要做好，不然表面設計做得再好，沒多久問題就會浮現。

（2）在選擇調降建材或設備等級時，把握「每天常用的不要省，遠觀少觸碰的可以省」原則。

Point 10 裝潢中哪些錢 絕對不能省？

裝潢取決口袋的深度，稍一不慎，就有可能不斷追加導致預算破表。一開始在做裝潢計畫時，可從總預算控起，估價時保留總預算 10% 左右，彈性因應工程中的變化，列出輕重緩急，必做和可以不做的項目，遇到問題或追加時，就能快速做判斷，預算不失控。

這些預算不可省

1 保護工程

施工時有些地方需要特別保護，例如經常走動的地板、放置東西的檯面、還有室外的公共設施等，保護工作若沒做好，很容易使建材受損，事後修補的費用絕對超過保護工程很多，很多工程糾紛也都是因為一時疏忽造成，所以千萬不要因小失大。

保護工程通常計價方式以「式」計算，也就是全部算一個價錢給你，一般來說應在NT.10,000 ～ 20,000 元之間（室內地坪一坪 600 元起，公共區域約為數千元不等）。

2 冷熱水配管

冷熱水配管如果沒做好很容易漏水，一旦漏水，水管附近的固定裝潢、油漆或壁紙、地板都必須換新。

3 五金零件

多數的零件，如門角鍊、抽屜軌道、推拉門滑軌等，都是關鍵性的機能物件，好不好用差很多，也會影響到物品的使用壽命，因此這些錢絕不能省。

4 防水工程

水是無孔不入的，一旦施工步驟不對、材料比例不對，做出來的防水效果幾乎是零。所以防水材料一定要用足，施工的步驟及方法絕對省不得。塗防水以「薄塗多層」為原則，效果比塗厚單層來得好，因為彈性水泥並不是以量取勝，重點在於形成完整的防水膜，才能發揮最高效果。而防水層塗得太厚，反而易裂，並不是什麼好事。此外也須謹記，必須等一層乾透後才能上第二層，且做完防水也要試驗一下效果如何，不然等裝潢好了才發現漏水嚴重，那又得花上可觀的時間和金錢去處理了。

6 隔間

所有的內部裝潢都是在隔間完成後才開始進行，所以隔間奠定整個工程的基礎，隔間的方式（分為密閉式、半開放式和全開放式）影響到每個空間的使用情形、大小、隔音、採光及坪效，所以施工前一定要想清楚，將來再改動隔間的花費成本絕對大於其他工項。

防患於未然的預備金

1 預留裝潢預備金

預算抓不準，導致事後不斷追加，是許多裝潢過的人都曾經歷的慘痛經驗，其實很大一部分肇因於事前抓預算時考慮不周，以及沒有預留準備金以應付突發狀況，事實上只要先預留好裝潢預備金，有突發狀況時也不至於措手不及。至於金額多寡，還是看各人口袋深度，一般建議預留總工程費用的 5 ～ 10%。

2 出動裝潢預備金的時機

1. 拆除木作（或輕隔間）天花板，發現天花板漏水，要增加抓漏的費用。
2. 木作天花板拆除後發現原來沒有水泥粉光和披土刷漆，必須增加木作釘天花板以及油漆批土。
3. 地面拉水平線後發現地板高低差過大，需增加地面整平的預算。
4. 拆除時不小心打破水管或電管，需增加水電維修費。
5. 屋主在工程中修改設計造成追加。
6. 施工造成附近鄰居的建物損毀所衍生的費用。

圖片提供 © 蟲點子創意設計

圖片提供 © 蟲點子創意設計

老屋裝修有可能在施工過程中發現沒有預期的問題，最好預留一筆預備金，已備不時之需。

3 檢視容易被忽略的費用估了沒

保護工程費	約 NT.250 ～ 1,500 元／坪，常見的保護材料以珍珠板、氣泡紙、瓦楞紙板、夾板為主
垃圾車清運費	工地的清潔費分好幾階段，第一階段為開工時的拆除清運；第二階段為工程每個工項退場時，將垃圾清理掉的工程中清運。一趟清運車資約為 3,000 元，各工程下來，清運費用至少要 4,000 元以上。
插座及開關蓋板的費用	一般插座和開關蓋板，會包含在水電配開關及配線出口時一併計價，如果是另外挑選進口或造型蓋板，則需追加額外的費用，每個蓋板從 50 ～ 60 元到 2,000 ～ 3,000 元不等。整個工程下來花費可達上萬元
踢腳板的費用	地面與牆邊交接處，為了保持清潔而會在牆角上釘踢腳板，材質有木板、塑膠、和磁磚等材質，價格每台尺幾十元不等，很容易被忽略
門檻的費用	需要用到門檻的空間大部分都是地面有水的地方，像是浴室、陽台等。一般門檻可分為大理石門檻、人造石門檻、泥作門檻貼磁磚，每隻預算大約 NT.500 到 1,500 元之間

不吃虧 TIPS

（1）裝潢廢棄物與一般垃圾不同，必須委託專門清運的合法公司處理，不得隨意丟棄。

（2）局部裝修影響生活甚劇，因此如果想把一些工程放到日後做，要考慮對生活的影響程度，來取捨這次一定要做的工程項目。

充分溝通改善原屋問題，
精控預算老屋變明亮宅

文 _ 余佩樺　攝影 _Amily　空間設計 _ 游玉玲

空間問題

1. 原格局較破碎，機能都有卻無法讓家人情感凝聚在一起
2. 長型街屋景僅前後有採光，內部陰暗

解決方案

1. 透過開放式手法整合過於破碎的格局，清楚區分公私領域
2. 機能重疊於同一空間中，提升坪效，生活使用也便利

設計裝修過程

屋主一家在這個鬧區中的老房子中已住了十多年，隨著小孩的日漸成長，空間早已不符合當下使用，加上屋齡已相當高，室內的壁癌問題亦不斷，於是選擇重新翻修，改善屋況問題，更賦予家人更好的生活環境。設計師發現，原空間在隔間過度切割下，讓空間未能發揮該有的使用效益，連帶動線也不流暢。

在與屋主了解使用人口數與需求後，將空間打通，讓光線進入室內，接著替格局做了有意義的整合，因格局偏狹長，挪動部分格局位置後，將中間段作為公領域，將餐廳、餐廳、廚房、衛浴整併在一塊，走道化作為空間的一部分，如客廳、書房區等，至於兩側則為私領域，為主臥與小孩房、書桌區等，成功消弭空間的狹長感，使用起來也更加舒適不受拘束。

Study 1.
過道整併坪數更充裕

拆除實體隔間牆並加入坪效讓渡概念，無可避免的過道整併為客廳、餐廳的一部分，不但坪效變得更充裕，位於核心區域的公共區域也，更成為一家人凝聚的重要場域。

Study 2.
調整料理動線機能更強大

廚房改為開放式設計，自 L 型廚具延伸出一道
吧台，賦予女主人明亮、功能齊全的料理空間。
再從廚具與玄關緊鄰側設計出玄關櫃，再一次
藉由交疊方式創造更多的使用機能。

Study 3.
開放式書牆增大收納量

有限空間下，將部分機能拉出設置於臥房外，
在走道空間中加一道書牆，並利用下掀式五金
搭配層板，變出書桌機能，如有需要還可將拉
門關上，避免聲響影響孩子學習。

Study 4.
立體設計增加空間利用率

為了讓兩個小孩有自己獨立的空間，在書房對側配置了兩間小孩房，並選擇將臥鋪區配置於上方，至於下方則為衣櫃空間，收納區塊更完整、空間立面也更為乾淨。

Study 5.
獨立浴廁增機能

有限空間下無法再多配置一套衛浴，於是將衛浴空間的機能：沐浴區、洗手台、廁所各自獨立開來，一來使用上不會受到干擾，二來也有利於各個機能的環境維護。

Study 6.
活動設計有巧思

通往 3 樓露台、洗衣間處做了一個小臥榻空間，由於剛好是變電箱位置，先是利用門片做了修飾，下方則又再透過五金設計了燙衣板，有效運用空間也讓功能滿滿。

Dr. Home 裝修小學堂
容易被忽略的裝潢費用

室內設計裝修許可

1 兩段式申請

標準的室內裝修許可申請包含兩部分，首先委託室內裝修業或開業建築師「設計」，並向市政府工務局或審查機構申請審核圖說，審核合格並領到政府核發之許可文件後，始得施工。再來施工委由合法室內裝修業或營造業承作，完工後向原申請審查機關或機構申請竣工查驗合格後，向政府申請「室內裝修合格證明」才算完成。

2 簡易申請

除了一般程序，居家裝修樓高 10 樓以下、面積 300 平方米（約 90 坪）以下或 11 樓以上面積 100 平方米（約 30 坪）以下，沒有動到火消防區劃者，能採用簡易申報，只要找具審查資格的單位（如建築師）圖審簽證，即可施工，完工後繪製竣工圖，再送建管單位查驗領取室內裝修合格證明。

3 未申請罰則

若未事先申辦工程進行間被檢舉可補辦，不過自 2018 年 7 月起若在台北市被檢舉，建管處會直接開罰新臺幣 6 萬元以上 30 萬元以下罰鍰。

根據《建築物室內裝修管理辦法》第 95 條之 1 第 1 項規定：「違反第 77 條之 2 第 1 項……規定者，處建築物所有權人、使用人或室內裝修從業者新臺幣 6 萬元以上 30 萬元以下罰鍰，並限期改善或補辦，逾期仍未改善或補辦者得連續處罰；必要時強制拆除其室內裝修違規部分。」意思是屋主、承租人、施工單位都可以被罰，且可同時罰兩者或三者皆罰。

4 一定要申請的條件

6 層樓以上（含 6 層）的集合住宅（3 戶以上）。不論是幾樓要裝修，都需申請。5 層樓以下集合住宅可不必申請，除非有新增廁所或浴室或新增兩間以上的居室造成分間牆變更，這是為了防止公寓隔間做為出租套房。若從一樓到頂樓都為同一戶（透天厝），即使有新增浴廁或分間牆變更也不用申請。

5 相關費用

視申請用途與項目，會有建築師簽證費、消防簽證繪圖費、室內裝修業簽證費、建築師公會審查費等，另外是建築師的服務繪圖費用，有些室內設計公司會自己繪圖給建築師吸收此項成本。住宅裝

潢自用比較單純，坪數不大的話，大概在 6 萬元左右，但若為住宅變更使用執照為商業用途、有違建等情況，就有可能會超過 10 萬甚至好幾十萬元。

管委會押金或公共區域清潔費

住宅若為社區大樓，通常裝修要事先向管委會申請並繳付押金，這筆費用通常能全額拿回，除非保護工程沒做確實，或是施工時不慎損及公共區域，通常會備要求復原。有些社區還有按施工日收取公共區域清潔費的規定，確定要裝修前，務必事先諮詢社區大樓總幹事相關問題。

保護工程費

常見的保護材料有珍珠板、氣泡紙、瓦楞板、夾板。有些保地坪與牆面的護工程做得非常確實，先用防水布鋪底阻絕水，再鋪夾板防碰撞，最上層用瓦楞板包覆，費用與效果當然和只鋪一層瓦楞板的差很多。保護工程在大樓公共區域

要做施工人員、材料會經過的路徑，有些管委會會明文規定。此外，室內已完工的部分，如果後續還有工程要進行，如地板或廚衛空調等設備已好，但該區域還有後續工程會進場，也需妥善做好保護。

裝潢廢棄物清運費與清潔費

工地的清潔費分好幾階段，第一階段為開工時的拆除清運；第二階段為工程中每個工項退場時，將垃圾清理掉的工程中清運。完工後還有清潔工程，

老屋多估一點裝修預算

如果這次裝修的是屋齡超過 20 年的房子，基於長久居住的考量，設計師會建議更換全室管線並重新施作防水工程，如此一來，設計費用和基礎工程費用也會隨之提高，如果之前沒有預估到，勢必壓縮到其他部分的裝潢預算，因此建議再多準備總工程費的 10 ～ 15% 預備金比較安心。

裝修過程主要支付費用

設計費	設計師規劃空間設計的費用，包含繪製坪面圖、立面圖、水電管路圖、天花板圖、櫃體細部圖……並有義務幫屋主向工程公司或工班說明圖面。
工程費	各種工程項目的實際施工工資及建材費用。包含保護、拆除、水電、泥作、木作、木地板、油漆、廚衛、清潔等，空調通常是獨立外包給冷氣公司處理。
監管費	付給負責協調工程與監管的單位，如果設計公司是接純設計，通常會另收監管費。如果不是找設計師而是自己發包，統包的工頭也會收取。一般來說件收費方式為總工程款 5 ～ 10% 不等。
傢具家電費	在編列裝修預算時，就要把傢具、大家電的費用估列進來，約會佔總裝修預算的 20 ～ 30%，免得到裝修後期預算用罄，沒錢買傢具。

PART 2

搞懂「材料」省大錢：
選建材教戰手則

建材既是建構空間的元素，同時也是形塑風格與氛圍的要角，每種材料有其各自的特性，天然素材製成的建材，如石材、木材，就和人造加工材料如玻璃、塑料等，給人截然不同的感受。除了感性的一面之外，每種建材的施工方式也各異，要根據使用在住宅的哪個區域，選擇適合的建材，例如想要選用磁磚，貼在牆面和地板、乾區還濕區，挑選的標準都不同，還有來源產地、尺寸大小、色澤花紋、拼貼方式等等，都影響著最終空間呈現的效果與裝潢預算。看起來很複雜的選建材工作，只要掌握幾個大原則：對應空間風格屬性、對清潔維護是否在意、預算價位區間，就能縮小範圍，集中了解尋找理想中的居家建材。

Point 01 確實丈量，才能精準算料！

丈量反映著空間的尺寸，就像訂製服裝，要精確測量三圍、手臂腿長、腰線兼寬，越高級的訂製服量的越仔細。住宅丈量的意思也差不多，所有能看到的物體距離、高度、位置，只要之後可能會影響設計圖面的內容，順著空間的邏輯一一測量，並確實記錄下來不能遺漏，不然到了設計階段，要再確定尺寸或空間條件，只能再跑一趟。不過若是中古屋裝修，現場還留存之前的裝潢的話，依現況測量記錄，有可能在拆除後產生誤差，因此建議拆除後再次丈量，在施作前先調整好圖面，避免在現場修修改改或發生材料不足、造型走樣的問題。空間丈量切記掌握一個原則：丈量是越細節、精確越好。

丈量要量什麼

地平面	1. 沿著牆的周圍，每一面牆長度（包括牆凹陷或凸出的部位），包括牆厚，門、門框、窗、窗框寬度 2. 別忘了整個房子（房間）的長、寬也要測量
牆立面	1. 所有立面上的物體高度都須測量，大則樑、柱高和深，小則門、窗高度，窗台高也要量（窗框到地板的垂直距離） 2. 配電盤、開關、插座等在牆上的設備都不能放過，要記錄位置及高度 3. 管道間位置、開關箱位置及高度、牆壁厚度、消防設備等
天花板	1. 天花板高度、樓地板高度 2. 在天花板上的樑寬 3. 天花板如有消防灑水頭也要量它的位置與高度，凸出樓板多少（消防灑水頭在做天花板裝潢時不能蓋住，但突出也不好看，因此會影響天花板的設計，務必要測量清楚）

丈量流程與注意重點

1 測量

兩人一起做會有效率很多，一人負責測量，一人負責記錄。然後記得測量時要「讀尺」，就是負責測量的人大聲唸出測到的數值，負責記錄的人要跟著復誦一次，這是為了怕記錄人聽錯，如果記錄數值有誤，畫出來的圖就是錯的，也不知道何時才會被發現，會衍伸許多問題，後果非常麻煩。

2 檢查

當一個平面分段量完後，照理來說每一段測得的長度相加應該等於全長，不過也有可能在測量中途產生誤差，累計誤差後導致全長不正確。建議在測量較長距離的空間，將捲尺從頭拉到底，一人拉住捲尺原點不動，另一人逐次將需要量到的位置一個一個確認，逐點報數，不要分開測量一段一段的距離，這個方法稱為「通尺」。

3 拍照

拍照真的很重要！多拍不會錯，繪圖時發現有遺漏或有疑問的地方可以用照片確認，也可將捲尺與測量物放在一起拍。拍照記錄時，建議在每個空間統一順時針或逆時針拍攝，拍攝時要帶到天花板與地板，在一趟丈量行程就把案場的情報盡可能詳細地帶回來。

測量後的尺寸換算

1 總面積

以捲尺丈量地板、壁面，長、寬的尺寸（以公分計算），將所得的數字相乘，就是面積：
單一空間面積＝長（公分）X 寬（公分）
總面積＝全部房間面積相加的總和

2 從面積換算成裝修常用尺寸

將計算出來的總面積以下列公式計算

a.「平方公尺」（M2）＝ 100 公分 X 100 公分＝ 10,000 平方公分
※上面計算的總面積／10,000 ＝需要施作的「平方公尺」數

b.「坪」＝ 32,400 平方公分
※上面計算的總面積／32,400 ＝需要施作的「坪」數

c.「才」＝ 30 公分 X 30 公分 ＝ 900 平方公分
※上面計算的總面積／900 ＝需要施作的「才」數

測量後對應用途的尺寸換算表

抓漏、防水	1. 以「坪」為單位 2. 丈量方式：丈量可能施作的面積範圍，因為抓漏要抓至源頭才能徹底解決，因此依現場判斷為主 ・尺寸換算：1 坪 = 3.3 平方公尺
油漆、補縫、補土、壁紙	1. 油漆、補土、壁紙：以「坪」「平方公尺」為單位 2. 補縫（AB 膠、貼紙或不織布）：以「台尺」為單位 3. 丈量方式：以施作的天花板、牆面加總面積計算 ・尺寸換算：1 坪 =3.3 平方公尺、1（台）尺 =30.3 公分
地磚、壁磚	1. 以「坪」為單位 2. 丈量方式：丈量施作的面積，再換算成坪計算，一般會加上 10%~20% 不等的損料
木作、木地板	1. 訂作傢具類、天花板、線板：以「台尺」為單位 2. 木地板：以「坪」為單位 3. 丈量方式： 兩個人丈量施作的面積，再換算成坪計算，一般會加上 10%~20% 不等的損料
鐵鋁門窗、玻璃、採光罩等	1. 以「才」為單位，玻璃另外有厚度「公釐」的差異 2. 鐵鋁門：一般有制式尺寸，除非特製才另外丈量 3. 鐵鋁窗、採光罩（外推）：以「長 X 寬」或「寬 X 高」計算面積 ・尺寸換算：1 才 =900 平方公分 =0.09 平方尺（30cmX30cm）
水電管線、開關	1. 水管以「口」為單位 2. 電線以「迴路」為單位 3. 計算方式：水管開關出口的數量、電線以迴路及開關的數量計算，但會因管線的長短產生價格的差異

不吃虧 TIPS

（1）丈量要秉持看得到的都記錄，以「讀尺」、「通尺」方式測量確保不出錯。

（2）施作面積關係到建材用量與需要多少人力花多少時間完成，密切關係裝潢預算，不可不慎。

Point 02 挑建材，「乾濕」有別、「地壁」不同

> 這塊磁磚好美，鋪在衛浴的地板。

> 這是壁磚，貼在地板又是濕區不止滑唷。

建築材料是指用於建築和土木工程領域的各種材料的總稱，簡稱「建材」。狹義的建材是指用於土建工程的材料，如鋼鐵、木料板材、玻璃、水泥、塗料等，廣義上的建材還包括用於建築設備的材料，如電線、水管等。建材種類繁多，但一般人多半是用到了才會接觸，甚至也有人把建材全交給設計師決定。其實，建材的好壞不但跟生活有很大的關係，最重要的是價錢也差很多，建議最好能先了解，以免在裝潢時被設計師牽著走，但等入住後，才發現建材不適合，或維護保養很麻煩種種問題，居家裝修是否符合期待，不僅在裝修設計與施工工法，建材的挑選也是影響裝修效果的重要因素，不同顏色、質地、紋理的建材，對住宅空間的風格、功能分區及氛圍等都會產生影響。

裝修前必知建材挑選考量點

選建材一般來説會貫穿整個裝修過程，從一對樣品本中搜尋那個符合各方面條件的 Mr. Right。但並不是等到要購買材料時才來思考自己需要什麼，常常會因為決策時間有限，只能急就章做出選擇，以下提示裝修前就學習如何挑選居家建材的思考點。

1 從家庭成員考慮

挑選材料首要評估的就是居住成員、使用者，若家中有長者或行動不便的人，那麼質地較硬、表面光滑的大理石、拋光磚等儘量少用；如果家中有寵物，地毯、木地板這些容易被破壞的材料要謹慎使用，以免遭到破壞；有幼齡兒童的家庭，鐵件、造型尖角突起的特殊造型傢具要避免，以免發生危險。

2 從空間特性考慮

不同的材料各自有不同的優缺點，並非一種材料全屋都適用，即便都是地板建材，也需按照功能分區選擇。客廳、臥房、書房，可考慮地磚或者木地板，衛浴、廚房、陽台這些有水的區域，或對防潮要求高的空間，應避免使用木地板，具止滑效果的木紋磚是不錯的選擇。

3 從預算高低考慮

建材的品質、做工、品牌不同，相對的價格落差也不小。以地板建材為例，大理石等天然石材價格最貴的 1 坪可能要價上萬元。當裝修預算不高時，挑選建材要更傾向於實用，合理調整材質，如喜歡石材紋理能否換成帶石材紋理的石英磚，利用尋找替代建材的方式作為解決方案。

4 從空間風格考慮

居家風格每個人各有偏好，而風格呈現的元素之一就是建材，不同的材料屬性與搭配，會帶給空間截然不同的氛圍。喜歡簡潔現代的風格，可以考慮大理石、拋光磚這些偏硬、冷的建材；如果偏向鄉村風溫馨自然感的居家，可挑選自然材料、質地質樸的建材，像是木地板、木格柵、復古花磚等這類材料就相當對味。

選購建材的竅門

考慮好裝修所需建材後，就要進入糾結的抉擇階段。挑選建材時，不少人會存有種種的誤區，結果不僅沒買到合適的材料，還白白浪費了不少錢，以下就掌握材料挑選要點予以說明。

1 挑選信譽好的品牌

想要挑到好的材料，可先從品牌入手，特別是對於沒什麼經驗的裝修新手來說，挑選口碑好、信譽佳的商家很重要。屋主可到家居網站、家居論壇、或聽聽裝修過的親友分享，並請商家出示相關證明或檢測報告作為參考。

2 價格貴不一定就是好

好的建材不一定貴，貴的也不一定就好。相對於大理石來說，磁磚的價格相對便宜，雖不如天然大理石的奢華質感，但款式挑對了，也能達到想要的效果，而且磁磚比大理石更容易保養維護，因此根據自身的預算和需求確定哪些材料必須買，哪些材料可替代，聰明消費不盲從。

3 購買量大省更多

居家裝修選建材經常是根據空間或風格針對性的思考，不同地方就選擇不同材料；但購買建材，往往是買越多越實惠，能夠以量制價。因此，在購買過程中，可以考慮統一建材，例如衛浴和廚房可以使用同一種款式的地磚和磁磚，換個拼貼方式製造變化，這樣一來購買數量大了，爭取到的折扣相對也較多。

4 根據材質挑選購買地

購買建材還有一個要點，就是根據材料來挑選在哪裡買。舉例來說，像是油漆、釘子、螺絲等可以就近到附近的裝潢五金店購買；木地板、磁磚、衛浴產品這些可到大型建材賣場選購，種類多且較有保障。

建材驗收重點提示

在裝修建材送到工地後，不少屋主忽略了當下檢查是否有問題再驗收材料，到了師傅拆箱準備施作時，才發現材料送錯了或者有損傷，這時候退換就比較麻煩了。所以作為精明的屋主，必須在收到建材後，馬上拆箱檢查，發現問題馬上反應，在第一時間將問題解決。

1 檢查表面

第一個步驟是檢查建材包裝有無破損、有無拆封，如果表面被拆改過，請廠商進行解釋說明。

2 確認型號

確認產品包裝上的型號、尺寸、顏色、花色等是否與購買時的相同，並核對收據上的詳細資訊，如果出現型號尺寸錯誤等情況，須立即聯繫廠商，要求更換。

3 確認數量

收貨時確認數量是最重要的,特別是一批建材送來的時候,容易造成混亂,後期才發現送少了幾件產品,一旦簽收確認後就很難追回來。因此,確認好包裝與型號後,須點清貨物的件數以及總數。

4 確認配件

某些產品內有不少配件,例如臉盆、龍頭、免治馬桶、櫥櫃等,這些產品內有不少的小零件,如螺絲、感應器、遙控器等,除了檢查數量和型號外,切記還得清點配件是否齊全。

建材退換要注意

新買的建材出現要退換的情況,許多屋主會不知所措,沒有找到對的退換的竅門。建議不要以情緒化或無形的感覺作為退貨依據,這樣容易出現有理說不清、換不成又不開心的情況。

1 現場開封拍照存證

收到貨物發現問題,必須退換時,要在第一時間拍照存證,而且照片上需要附有產品的包裝,型號、顏色、批號等,然後告知廠商具體情況,並附上照片作為證據,請廠商上門瞭解情況並說明,應該退換的馬上進行處理。

2 進場安裝必須清楚責任

一些上門安裝的材料,如櫥櫃、熱水器、馬桶等,如果在安裝完成後發現有問題,需要請廠商派人確認,是安裝過程疏忽、還是其他問題,搞清楚責任歸屬後,再商確如何處理。

不吃虧 TIPS

（1）在裝修前就要多了解建材,才能選到適合風格又住得安心的材料。

（2）建材送到一定要當場做驗收,如有任何問題第一時間反應、解決。

Point 03 尺寸影響價格！挑磚要注意的 8 件事

磚材，常被用來當作壁磚、地磚來使用，較難成為空間的主角，卻又是空間裡不可或缺的基礎元素。近年來，透過燒製技術的逐漸提升，再加上大眾對居住環境與設計感的要求，開始在原本蒼白的磁磚表面上玩起創意遊戲，仿木紋、金屬或石材紋路是最基本的設計，尺寸也突破想像，超過 240 公分的大尺寸磚也能呈現無縫感。活用尺寸交錯、特殊拼貼法創造圖騰紋理，也是令人驚豔的空間表情，磁磚從原本的空間配角，一躍成為舞台中的主角。選購時除了基本的不易爆裂、原料成分無虞之外，也要注意吸水率、止滑、防滑等性能。

快速認識常見磚材

種類	特色	優點	缺點
拋光石英磚	表面經機器研磨後，呈現平整光亮質感	密度和硬度較石材高，耐磨耐壓	施工不慎，容易凸起碎裂
板岩磚	利用瓷磚或是石英磚製造，外表仿造岩板的特殊紋理	紋路自然耐看，與天然板岩相較，價格較便宜	陶瓷板岩易脆，表面強度弱
復古磚	呈現仿古的色調和花樣	能營造強烈的風格	進口價格較高
木紋磚	表面為仿木紋的紋理	和木地板的視覺效果與紋理質感類似，能用於濕區	觸感沒有木地板的溫暖
花磚	圖案多樣，多從國外進口	藝術價值高、花樣變化豐富	有潮流的時效性，容易退流行
馬賽克磚	材質多樣，石材、玻璃等都可製成馬賽克	施工簡單，可局部自行 DIY 黏貼	縫隙小，易卡污
特殊磚材	種類繁多，包含布紋磚、皮革磚、金屬磚	表現特殊風格，款式多樣可挑選	多由國外進口，價格較貴

產地來源

一般消費者要辨別拋光石英磚是否為品質較好、歐州進口的磁磚，可由尺寸大小來看歐洲最大的正方形石英磚尺寸為 60×60cm，長方形為 60×90cm 及 60×120cm，市面上看到的正方形 65×65cm 或以上的尺寸，通常都是東南亞的產品。另外，國產磚一律在背面燒有 MADE IN TAIWAN 的字樣，選購時可稍微留意產地，不要貪小便宜而選到等級較差的。

使用的區域

以往磁磚有分貼於牆面或地面的類型，像是陶磚質壁吸水率較高，無法地壁面混合搭配使用。目前業界推出瓷質壁磚強度夠，可以地壁混合搭配使用，減少因材質不同而有色差，此類型的產品吸水率低，強度高，不容易釉裂及發霉，可延長磁磚的壽命。

將錯的磚貼在不適用區域的案例，常見是把吸水率高的磁磚貼在浴室、尤其是淋浴間濕區。浴室用磁磚應該是吸水率最低的，才利於排水。

攝影 ©Amily

各種磚材。

依吸水率區分	說明	吸水率（單位：%）
Ⅰa 類	相當於瓷質面磚	0.5 以下
Ⅰb 類	相當於瓷質面磚	3.0 以下
Ⅱ 類	相當於瓷質面磚	10.0 以下
Ⅲ 類	相當於瓷質面磚	50.0 以下

目前國家 CNS 標準並無規範磁磚限用區域，僅根據磁磚材質及對應的吸水率區分級距。消費者可這樣應用數據：例如，浴室地面或淋浴間牆面會長時間潮濕的區域，選用吸水率 <3% 的磁磚，也就是要挑選檢測標準通過 Ia 或至少 Ib 類的面磚，也就是石英磚類的瓷質面磚。

止滑度

目前國家標準 CNS 3299-12 雖有規範磚面防滑係數測驗方式 C.S.R 和赤足的 C.S.R-B，但實際上國家標準 CNS 9737 並無明訂地面用磚須達到哪個等級才算「安全」、「防滑」，各家磁磚品牌多半參考國際標準。消費者對居家生活品質日漸重視，若是空間允許，衛浴多半採乾濕分離設計，以往淋浴間多半用小尺寸地磚或馬賽克達到防滑效果，現在已有大尺寸進口磚做到即使腳抹肥皂也不會滑，有 30X120 公分及 60X120 公分，能減少線條分割增進視覺美感。

樓梯和臥房地坪，常發生的意外不外乎沒踩穩、反光導致視線不清或暈眩感，木紋磚凹凸紋理或非拋光的珍珠面地磚，都能達到踩得穩、不反光，加以現在地磚尺寸多元，大尺寸能營造無縫感，或是拼接出獨具特色的圖騰，在安全無虞的前提之下，讓居家空間展現獨特美感。

花色與表面處理

至於花色風格，則呈現北中南地區民眾不同的喜好，各品牌也備齊產品線以對，大尺寸、真石感則是石英磚的當紅款式。要提醒由於拋光石英磚較光滑容易反光，家裡有老人不建議使用，以避免眩光刺眼而滑倒。復古磚幾乎都有窯變的效果，選購時要注意樣品和實際顏色是否有太大的色差，建議先逐一確認現貨顏色是否符合需求後再下單購買。同時也要觀察一下是否有嚴重翹曲的清形。

如何判別品質

比較好的拋光石英磚，因為其密度高、摩擦係數也較高，就算灑了水在上面，反而不會滑，消費者選購時可以摸摸看，比較一下。選購晶亮拋光石英磚可簡單以鑰匙或硬幣試刮，因表面混合釉料，耐磨度、耐刮度大大提升。

復古石英磚利用模具造成磁磚表面產生凹凸的紋路，以表現石塊或石片的質感，或是以釉料利用施釉技巧或窯變方式，讓磁磚的色彩以各種不同的質感或深淺不均的方式呈現。從仿陶面、石面到板岩等都有，像是仿石面的石英磚，則呈現遠古建築的質感，每一片的顏色差異較大，尺寸也不像一般磁磚的標準來得嚴謹，有時誤差範圍較大，目的在表現粗獷不拘的風格。

尺寸關係施工與價格

拋光石英磚常用的尺寸為 60×60cm、80×80cm、120×120cm 三種。尺寸越大，溝縫越少，看起來比較美觀，但大尺寸的石英磚大多是由國外進口，不僅價位比較高昂，在施作上也會增加困難度。

填縫收邊

填縫劑的顏色會影響磁磚鋪設後的整體質感。想呈現無縫效果，通常賄選和磚材顏色接近的填縫劑，若是想強調分割線條，也可選擇和磚色不同的填縫劑增添個性。為了讓溝縫材質可以和牆面確實結合，隔天施工可避免事後的剝落和龜裂。使用 PVC 角條、收邊條時要注意磁磚的厚度，免得會造成有高低差的觸感。

攝影 © 楊宜倩

選用和磁磚相同顏色填縫劑，營造整體視覺效果。

施作馬賽克時，需選用專用的黏著劑來增加吸附力，要注意使用的黏著劑分量不要太多，以免從縫隙中溢出。而馬賽克的顆粒較小，所以也要等完全乾後再抹縫

清潔維護

目前拋光石英磚在市場上之所以這麼受歡迎，主要就是可改善大理石及花崗石地磚在先天上容易變質、吸水率高等缺陷。然而，拋光石英磚本身具有毛細孔的關係，沾到深色液體、飲料附著表面時容易吃色，應立即擦拭，時間久了會相當難處理。然而近年來，隨著技術的進步，而發展出晶亮拋光石英磚，大大改善了傳統拋光石英磚的缺點。晶亮拋光石英磚將原有的拋光石英磚表面再施與一層高硬度的混合釉料後再燒製，並再加以二次拋光。其表面的釉料能將磚體的毛細孔完全封除，改善原本易卡污卡色的缺點。也因灰塵、污染物不易附著，產品亮度更高，更好保養清潔。

這裡要注意

1 好看也要考慮易清潔保養

以往不易爆裂、成分無毒等為消費者選購磁磚的重要指標，拜各廠牌多年來不斷傳達正確選購資訊之賜，現今消費者對磁磚成分、品質、是否止滑等條件已具基本知識，清潔保養容易、硬度夠抗折度高、抗汙漬，不容易沾灰塵反而躍升為消費者選購磁磚最關心的前三名，顯然在繁忙的現代生活中，對於地、壁材質還是希望不要花太多時間清潔維護，安裝之後就能高枕無憂。

2 大尺寸薄磚增加豐富應用

磁磚經過上千度窯燒，只要原料、製程無虞，其實都有優異的硬度及抗汙力，近年國外品牌陸續推出大尺寸薄磚，強調無縫感一體成形，硬度高也能作為桌板。

圖片提供 © 摩登雅舍室內設計

使用復古磚地坪，營造異國風情十足的鄉村情調。

不吃虧 TIPS

（1）選磚要注意吸水率，越低的越適合用在濕區。

（2）千萬不要購買來路不明的廉價磁磚，以避免爆裂危險。

Point 04 用料面積最大！4 種地板建材的分析

地板，是空間裡必要元素，但是地板要怎麼挑怎麼選，老實說，建材材質往往不是唯一的考慮因素，顏色以及想要呈現的空間風格質感同樣重要，因此在詢價前，建議先衡量自己的需求。其中，實木地板觸感最佳，但在保養上較難維護，價格也比較昂貴，塑膠地板價格雖然便宜，但質感卻略差了一點，至於磁磚價格算是適當，但整體居家空間感覺會比較冰冷，三種材質各自有其優缺點，建議先想清楚要挑顏色、風格，還是要挑材質，最後再針對預算，找出適合的產品。

懶人包
速解

地板建材挑選要點

區域	挑選原則	推薦建材
玄關	· 硬度高耐磨損 · 耐髒好清潔 · 具止滑效果	復古磚、木紋磚、有紋路的塑膠地磚
客、餐廳	· 表現空間氛圍與質感	石英磚、超耐磨木地板、塑膠地磚、水泥
廚房	· 具止滑效果 · 抗汙好清潔 · 避免嚴重反光	復古磚、木紋磚
衛浴、陽台	· 耐潮濕 · 防滑 · 耐候性高	馬賽克、洗石子、木紋磚、復古磚
臥房	· 具止滑效果 · 溫暖的觸感	超耐磨木地板

耐用花色多：磁磚

1 材質特性

依材質可分為陶質磁磚、石質磁磚、瓷質磁磚，清潔保養容易，一般價格較為親民。陶磚是以天然的陶土所燒製而成，吸水率約5%～10%，表面粗糙可防滑，多用於戶外庭園或陽台。石質磁磚吸水率6%以下，硬度最高，目前使用率不高。瓷質磁磚為俗稱的石英磚，製作成分含有一定比例的石英，質地堅硬，耐磨耐壓度高，吸水率約1%以下，各類型空間都適用，但要注意防滑。

2 施工法

大尺寸

・ 大理石乾式施工法

以適當比例調和的水泥和砂石鋪底，鋪平的水泥砂，以抹刀抹平後把益膠泥（泥漿）與水泥1：4的比例攪拌均勻的潑灑在砂土上，面積大小略大於一片欲鋪設之拋光石英磚再行施工。益膠泥是為了結合拋光石英磚與水泥沙。再以填縫劑補滿拋光石英磚之間的溝縫。清掃後以適當的水加以擦拭，等24小時乾後才能踩踏。

・ 半乾式施工方式

為了避免大理石施工法有時會產生空心問題，而研發出改進的半乾式施工。先將水泥沙弄濕，然後在地上抓出水平後，在水泥沙還呈現半乾時，淋上泥漿，目的是要讓拋光石英磚與水泥沙更緊密地結合，來避免空心的問題產生。

一般尺寸

・ 軟底施工法

屬於地面貼磚的施工方式，無須打底，直接將調好的水泥砂漿鋪平，便開始貼覆磁磚，無須等待水泥養護陰乾的時間。30×30cm、50×50cm 的磁磚皆適用。

3 清潔維護

・ 拋光石英磚：以清水加清潔劑清洗

平時以清水擦拭即可，若想去除油漬與油脂及其他可能成為汙漬的物質，必須使用溫水加上水性清潔劑來徹底進行清潔。若已有滲色問題，可以像大理石一樣重新拋光處理。

・ 復古磚：搬重物小心傷表面

表面滴到有顏色的液體，記得馬上擦拭，而在搬動物品時，也注意勿以推移的方式，要小心輕放以免傷及表面。

・ 馬賽克磚：完工後上防護劑

馬完工後建議上一層水漬防護劑，平常利用泡綿清洗時也比較好整理。但若壁面為珪藻土材質就不能上防護劑，才不會影響其吸附有害物質、調節濕度的功能。賽克磚和一般的磁磚相同，在清潔時以清水去除髒污即可，特別髒時才需使用中性清潔劑。

・ 板岩磚：清水清洗偶用清潔劑加強

大部分以石英磚的材質製作，與天然板岩相較，清潔時更為容易，平時使用清水保養即可。但板岩磚的表面略微粗糙，雖可防滑，但容易卡皂垢髒污，建議可定期用專門的磁磚清潔劑清潔。

・ 木紋磚：使用牙刷、軟布等工具清理

若磁磚上的木紋理卡污，可用牙刷、軟刷、油漆刷或是軟質的布輔助擦拭清潔。

有自然木質感：超耐磨木地板

1 材質特性

超耐磨地板依結構有底材、防潮層、裝飾木薄片和耐磨層。底材通常以集層技術製成的高密度板，除了減少一般底板可能發生的蛀蟲的問題之外，含較低甲醛能保障居家環境安全。耐磨層以三氧化二鋁組成，可達到耐磨、防焰、耐燃和抗菌的優點。防潮層則可防止地板濕氣。特性是耐磨、耐刮，清潔保養簡單，顏色選擇多元，施工快速方便。

2 施工法

先鋪上一層防潮布，再鋪上 6 分底板，底板之間預留間距約為 3mm 左右防潮布與防潮布之間，鋪設時要重疊，才不會遺漏之處。將底板打釘固定後，接著鋪上面板，並以每 5～10 公分的間隔打釘，使木地板與底板相接，再上膠為讓下一片面板更加貼合而準備。底板打釘後要進行敲釘的動作，才能讓地板和底板接合時，不會因為摩擦到釘子而產生聲響。

3 清潔維護

超耐磨木地板的保養方式主要是防髒與潮濕。由於超耐磨地板表面以硬樹脂高壓成型，本身已具有抗髒污的特點，碰到髒污油墨能有效防止滲透，不需特別打蠟或用化學藥劑刷洗，若遇嚴重髒污，利用中性清潔劑或魔術泡棉即能輕鬆。

攝影 ©Amily

超耐磨地板。

攝影 ©蔡竺玲

平鋪木地板，在底板塗上白膠。

攝影 © 蔡竺玲

以釘槍固定面材，並留 0.3 ～ 0.5cm 的伸縮縫。

信價比高：塑膠地磚

由於塑膠地磚（PVC 地板）製程技術進步，價格相對便宜、花樣選擇多、施工方便且快速，直接鋪上且不必再上蠟等優點，成為近年地板材的新寵。分為「透心地板」與「複合材地板」兩種。複合材地板花色較多元，目前在台灣市場較為普及，透心地板花色較少，質感較差，多為辦公室、廠房使用。

1 施工法

早期是在地面均勻塗佈上膠，以特殊膠料將地磚貼覆於地面，或是地磚背面已上膠的黏貼方式。雖然施作方便，但日後拆除相當麻煩，還會在原有地面留下痕跡。

目前已發展到卡扣式的施工方式，利用公榫和母榫的設計將地磚拼合，也能解決破壞原有地面的問題。由於塑膠地磚較薄、軟，會依地面起伏，建議鋪設前先整平地面。若為方形地磚，鋪設時需拉出施作區域的中心線，沿線向外鋪設較為美觀；若是長條形的地磚，則由牆面開始施作，並留出 3 ～ 5mm 的伸縮縫。

2 清潔維護

塑膠地磚（PVC 地板）非永久使用材料，定時保養可延長使用壽命。

· 平時只需以拖把或抹布擦拭，但擦拭的拖把或抹布不宜過濕，擰半乾濕使用較不會讓塑膠地磚太快變質。

· 住在氣候較潮濕的地區，定期除濕能延長地板壽命。

· PVC 地板耐磨不耐刮，因此在門口放置腳墊，可預防鞋子將砂石劃傷地板表面，搬動傢具重物時也要特別小心，以免留下刮痕。

· 雖然 PVC 地板是防火等級地板，仍會被高溫煙火燒傷，要注意不要將燃燒的煙頭、蚊香、帶電的熨斗等直接放在地板上面，以防造成地板傷害。

· 定期打蠟更可常保地板亮麗如新。

攝影 © 楊宜倩
塑膠地板。

具獨特紋路、色澤：水泥

依骨材不同大致區分為兩類：

· **磨石子地板**：可選擇在骨料中混入不同的石子甚至是瑪瑙，依照師傅經驗調配出水泥深淺，輔以不同種類的壓條（銅條、木條、壓克力或不用壓條），創造風格迥異的磨石子地板。

· **水泥粉光地板**：在骨料中僅加入細砂，以1：3的比例調配材料，為了讓表面看來光亮細緻，沙子通常會再以篩子篩過，也能避免小石子或雜物造成地面不平整。

1 施工法

程序需仰賴專業技術，且一但鋪設失敗，水泥拆除非常不容易，建議交由泥作師傅施作。分為「打底」、「粉光」及「養護」。

施作地坪需經清理並澆濕 RC 層地面，增加與水泥漿的結合度，才開始進行粗胚打底。待粗胚完全乾燥，接著以過篩後細水泥砂進行粉光，施工完成並進行養護後，使用電動磨石機及砂輪機修整表面，最後用樹脂補平裂縫凹洞，並再次研磨平整才算完成。

2 清潔維護

經過拋光打磨與保護漆處理的水泥粉光地板表面，可解決水泥起砂問題，平時只需用拖把清水拖地或除塵紙清理即可。

· **使用防護劑**：施作廠商一般都有自己推薦的防護劑可，多半只要加在清水中，定期以拖地方式養護即可。

· **使用水蠟**：若不想使用價格相對高昂的防護劑，也可選擇水蠟為家中水泥粉光面進行保養。

· **避免沾染深色液體**：完成面的水泥因其易吸水特性，使用上要盡量避免深色液體如可樂、醬油等沾染，免得染色後影響外觀。

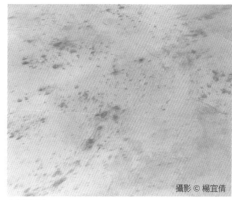

攝影 © 楊宜倩

水泥地板。

不吃虧 TIPS

（1）水泥地板容易起砂或因地震而龜裂，底材和表面處理都要做好。

（2）超耐磨木地板鋪設前要先鋪防潮布再鋪 6 分夾板，夾板太薄下釘時咬合會不夠緊。

（3）塑膠地板種類眾多，表面能做出仿各種材質的紋理色澤，選購時要注意厚度和品質。

Point 05 解答你對系統傢具的 10 個疑問

現今工資上漲、好木工師傅不容易尋找，加上系統傢具製作愈來愈成熟，外觀及五金選擇也日益多樣化，較現場施工工期短、價格相對低廉，及低甲醛板材用料等優勢，讓系統傢具搭配木作施工，逐漸成為設計界的新寵兒。

擔負收納大計的櫃體，由板材組成的桶身、門面和五金組成。系統櫃則是在工廠裁切加工板材，送達現場只需組裝、無須搬入機台現場製作施工，不僅省工時，還能避免切割木料導致粉塵汙染。而看似小而不起眼的五金，在櫃設計中的重要性不容小覷，若想用起來順手，對品質和產地要慎選，嚴格把關。

由於板材、門片、五金等以在工廠按圖加工完成，送達現場只要拆除包裝，清點板材規格及零件無缺，即可開始安裝。並對現場地磚、木地板、現成傢具做防護措施，如鋪上養生膠帶或防潮布。

系統櫃的組成

名稱	簡介
板材 門片	・使用一般居家清潔劑：若使用的板材為塑合板、美耐板或木心板等，以棉布沾中性清潔劑擦拭再以清水擦拭，棉布擦乾，切勿使用強酸和強鹼液體及香蕉水、松香水等高蒸發性溶劑擦拭。 ・勿用菜瓜布等較粗的材質擦拭：以菜瓜布擦拭可能會刮傷門板，應避免使用。另外，塑合板的表面可使用啤酒可去汙，再用抹布擦拭，可常保光亮如新。 ・利用修補筆延長板材壽命：使用了五、六年後，板材難免會有損傷或有拆卸時留下的鑽洞孔，此時可利用修補筆遮蓋。舊板材就可以再重複利用，能省下重新添購的預算。
五金	・有緩衝設計勿施力過大：開關勿使用蠻力或大力碰撞，以免造成零件損傷。 ・五金上油保養：系統傢具的五金很多是滑軌形式，因此若要延長使用年限，建議時常上油或上蠟保養，保持軌道的滑動順暢。 ・依五金承重性能放置物品：視滑軌五金的承重力擺放物品，避免超出負荷導致變形無法開合。

木作櫃、現成櫃 QA

1 系統櫃和木作櫃、現成櫃有何不同？

系統櫃多為制式使用設計，可變化表面材質；木作櫃設計靈活，造型和使用設計變化多。木作櫃通常使用木心板，優點是能客製化，樣式、形貌、使用機能能隨使用者所設計，所以變化較多，造型上也較特殊。但工期較長，品質好壞取決於木工師傅及油漆師傅的工法是否精細，與人為因素息息相關。

系統櫃為規格化的產品，其使用機能和尺寸也能隨使用者而改變。外觀面板的顏色及五金配件可依喜好作不同搭配，雖然目前市面上可供選擇的樣式不少，但在弧形及曲線等特殊造型，特殊色彩及風格的呈現上，已較過去生動多變化。

2 五金、層板會影響系統傢具的費用嗎？

進口五金比國產五金價格高，而 EO 等級的板材比 E1 的貴兩成。由於目前的系統傢具多為歐洲進口，為了與之配合，其五金也是以歐洲進口為主。通常進口的五金比國產五金價格還高。另外，板材的等級和厚度也會影響價格，EO 級板材成本相當高，通常比 E1 級貴兩成，因此 EO 級板材多用於醫療環境中，一般居家多使用 E1 等級。

系統傢具的層板厚度以 1.8 公分和 2.5 公分兩種最為常見，也有厚達 3 公分的。一般櫃體多使用 1.8 公分，2.5 公分和 3 公分的板材因為重量較重，因此多作為檯面來使用，若以相同尺寸的層板計算，1.8 公分與 2.5 公分的層板，價差約為 NT.50 ～ 120 元／才。

3 如何分辨是系統櫃還是木作櫃？

檢查櫃子兩側是否有鑽孔，有整齊鑽孔的就是系統櫃。系統傢具製作上愈來愈精細，許多人覺得和木作傢具難以區分，事實上只要觀察一下櫃子兩側就能得知，系統櫃因為是在工廠大量製作，所以會先有系統地鑽一整排的洞，以便日後因應不同需求所進行的訂製與安裝工程，因此打開系統傢具的櫃子時，會發現兩側有一整排間距固定為 32mm 的孔洞；反觀木作櫃因為由師傅現場施作，常是確認使用者需求後製做，因此可能就只有上下幾個孔洞而已。

不過，使用系統傢具時，若不喜歡那麼多排孔，也可事向系統傢具商或設計師提出需求，決定好所需高度尺寸，就不需要預留那麼多孔洞，但日後如果想要隨意調整層板高度，就沒那麼容易了。

4 系統傢具有辦法「量身訂作」嗎？

雖有固定尺寸的限制，但仍可因應設計師的要求打造出量身訂製的尺寸。系統傢具的板材有一定厚度，一般所販售的板材有長度尺寸的限制。45 公分、60 公分、90 公分為一般標準尺寸，想要量身訂製可能會受限於板材的長度。再加上系統板材的邊緣有排孔，每個排孔間距固定為 32mm，因此板材最高高度也必須是 32 的倍數。若以天花板到地板高度的落地高櫃為例，可能最高高度就是 256 公分（32mm×80）但是系統傢具的廠商也可因應設計師的要求，重新訂製排孔距離，這樣就能符合所要求的尺寸，不過通常需要再多花費訂製的費用。

5 系統櫃用 V313、V20 板材表示什麼意思？

V313、V20 代表其板材的防水程度，其中 V313 的防潮性最好。系統櫃板材類型以防水性，也就是吸收水分之膨脹係數來分，有 V313、V100、V20 三大類。以 V313 為例，是指將板材放在攝氏 20 度的水中浸泡三天，在零下 12 度的低溫環境中放置一天，在攝氏 70 度的高溫乾燥環境中放置三天，此程序共需重複三次，其厚度膨脹率必須低於 6% 才可稱作 V313 板材。

因此，V313 的堅固性與密合度最佳。一般來說，V313 稱為防水板、V100 稱為防潮板、V20 稱為普通板，目前 V100、V20 的板材在大賣場還看的到，系統傢具廠商大多都以 V313 板材為主。而耐潮度的比較則為：V313 > V100 > V20。

6 系統櫃板材有 F1、F2，也有 E1、E0，差別為何？

為標示甲醛含量的指標，E0 ～ E5 為歐盟所使用的等級標準，而 F1 ～ F3 為台灣所使用的 CNS 標準。此兩種標準的數字愈大，其甲醛釋放量愈大。

由於系統傢具的板材學名為雙面耐磨美耐皿，俗稱塑合板，內部為碎木屑壓製而成，在施作過程中會加入黏著劑使木屑緊密黏合，而其中甲醛源頭多半是由黏著劑所散發出來的。因此為了講究環保和健康，而制訂出甲醛含量的等級表。一般歐洲廠牌的板材都採用歐盟的使用標準，以甲醛含量來分，有 E0 級和 E1 級，E0 級的甲醛含量趨近於零，E1 級的則為低甲醛；而台灣則訂出 F1 ～ F3 的等級標準，F3 級的板材等於 E1 級。因此可常看到廠商標示 E1（F3），這只是使用的等級說法不同而已，其實都是經過政府許可標準的板材。自從 2008 年起台灣已限定系統傢具的塑合板都需有 E1 的標準，以保障消費者的健康。

※ 台灣 CNS 標準甲醛釋出量等級表

等級	甲醛釋出量平均值（mg/L）	甲醛釋出量最大值（mg/L）
F1	0.3 以下	0.4 以下
F2	0.5 以下	0.7 以下
F3	1.5 以下	2.1 以下

※ 歐洲甲醛釋放量等級表

等級	甲醛釋出量（mg/L）
E0	0.5 以下
E1	1.5 以下
E2	5.0 以下

7 系統傢具層板之間有縫隙如何修補？

系統傢具因為板材有制式規格，組裝完成後難免會遇到無法剛好填滿的情況，這時可視情況選擇木板或矽膠將縫隙補平。但縫隙若超過 2 公分，通常建議還是以木板封平為佳，最好能與有經驗的師傅和設計師一起討論解決方式，以免填填補補讓家看起來東一塊、西一塊。

8 使用系統傢具還要找設計師或木工嗎？

都可以，不過一般系統櫃公司都有配合的設計師及木工，可考慮直接配合。系統櫃使用至今，其實已相當成熟，單純丈量及施工委託給單一系統櫃廠商通常就可以滿足裝修需求，而一般正規品牌的系統傢具公司也都有提供設計師及木工的配合，在溝通及施作上並不會有太多問題。但若是自家在裝潢時一開始就有找設計師，又指定設計師配合品牌以外的系統櫃廠商，或是裝修風格較為特殊的需求，則應該請設計師或木工，與系統傢具公司溝通及搭配，以顧及空間的整體感，也避免未來在系統櫃與其他異材質相接的部分有任何的爭議或紛爭產生。

攝影 © 江建勳

從板材剖面的疏密可判斷品質好壞。

攝影 © 蔡竺玲

鉸練五金。

9 木作櫃和系統櫃可局部更換嗎？

木作櫃局部更換需要重新施工，等同於重做一個櫃子；而系統櫃為獨立板材拼接，局部拆除的變化性大，難度並不高。

系統櫃是靠一片片板材拼接而成，假設一排衣櫃是由三個獨立系統櫃組合，拆卸時只是移動板材，並不會影響櫃子的結構，因此可局部拆卸，高櫃也能變矮櫃，變換性較大。

而木作櫃通常會用木板釘出一個框架，再隔出三個櫃子，因此若要拆掉某一邊，支撐力就會改變，另一邊也必須跟著拆，最後幾乎重新做一個新櫃子了，若是木作貼皮的衣櫃，想要局部拆除還必須先將貼皮全部磨掉，再重新上色，花的工資可能比原本貴上許多，因此木作局部更換不見得划算。

攝影 © 蔡竺玲

烤漆門片。

10 系統和木作的進場時間有何不同？

木作櫃通常在泥作完工後進場，系統櫃有時需要木作的後續加工，則建議木作快完工之際進入。

一般來說，系統櫃雖可配合空間做適度的尺寸規劃，但板材尺寸仍較固定，施作過程只需請施工人員到現場丈量完之後，依圖面需求取得板材，在進行現場組裝即可；若扣除備料時間（約 10～15 天不等），只需 1～5 天的施工期就能完成；相較之下，木作完成後，才進行貼皮、上漆的木作櫃，所需工時就會相對長了許多。不過，現今某些木工師傅傾向採取類似系統櫃的作法，六、日先在工廠裁好板材尺寸，在進場組裝以縮短工時。

另外，在進入工程的時序，系統櫃和木作櫃也不相同。為了避免板材汙損的情形，木作櫃通常在泥作完工之後進場施做；雖然系統櫃只需現場組裝，但有時會需要木作工程的後續加工，選擇與木工重疊的時序較為保險，因此通常會在油漆前、木工快完成之時進場。

不吃虧 TIPS

（1）施工機具擺放位置也要進行多層保護，避免傷害到原有的傢具。施工完畢要清潔乾淨，每日施工完畢後都要進行初步清潔。

（2）系統櫃因為板材有制式規格，組裝完後難免會遇到無法剛好填滿，出現縫隙的狀況，可視情況用木板或矽膠將縫隙補平，但若縫隙超過 2 公分，建議以木板封平較佳。

Point
06

塗料、壁紙，
牆面還有什麼可能性

現在好流行植生牆，我們主臥也來弄一個。

我怎麼覺得畫風不太對勁。

牆面，是營造空間氛圍的主要元素，不僅能呈現出房屋建築的風格，動線的貫穿，空間的切割，亦能展示主人的品味。面對各式各樣的風格，應由建材材質、顏色、氛圍、空間需求等考慮因素搭配。其中，實木牆面觸感最佳，但在保養上較難維護，價格昂貴；色漆塗料雖然便宜，若搭配得宜再配合漆塗手法能創造出眾效果；至於磁磚價格算是適當，且選擇多樣，但須保持清潔，因此在詢價前，建議先衡量自己的需求。

牆面材質除了考慮設計，也需評估環境和後續維護，才能長久呈現居家想要的樣貌。局部更新一面牆的設計，也許是換了漆色或鋪貼文化石牆，能快速改變空間表情，也能自己動手做。

牆面建材挑選要點

區域	挑選原則	推薦建材
玄關	・引導性考量 ・耐髒好清潔 ・協調性考量 ・收納空間	珪藻土塗料、清水模漆、木格柵、柚木牆、玻璃磚牆、粗石面磚、鏡面、美耐板
客、餐廳	・表現空間氛圍與質感 ・公共空間主視覺重點	烤漆玻璃、水泥、珪藻土塗料、清水模漆、鏡面、美耐板
廚房	・耐高溫、高溼 ・抗汙好清潔 ・避免嚴重反光	灰玻璃、玻璃、釉面磚、馬賽克、鏡面、水泥、美耐板
衛浴、陽台	・耐潮溼 ・好清潔 ・耐候性高	磁磚、馬賽克磚、古堡磚、木紋磚、石磚、抿石子
臥房	・相較乾淨簡單 ・溫暖的觸感	塗料、壁紙、鏡面、木纖維板、鋼刷木紋、美耐板

營造空間變化的牆面建材

1 仿清水模漆、黑板漆

塗料為牆面上妝漆飾，幾乎是所有裝修工法中最基礎、也最具效果的變裝工程。漆作不僅是能為空間增色添彩，同時也兼具保護牆面的作用，尤其塗漆施工的工法簡易，工具與材料也相當普及，成為許多屋主做修繕DIY 時的首選工程。

2 美耐板

美耐板為平價大眾裝飾板，是以浸過的色紙與牛皮紙等材質排疊，再經由高溫高壓壓製而成。具有耐高溫、高壓、耐刮、防焰等特性，是相當耐用的表面裝飾飾材。木紋美耐板因具有實木觸感，且比實木更具耐刮耐磨、抗菌防塵等機能，近來也大受歡迎。

3 壁紙

壁紙是裝飾居家空間中常用的元素，透過黏貼於牆面就能改變牆面表情，達到美化空間的目的。常見的呈現方式如：溫馨氛圍的鄉村小碎花、花鳥蝶舞等自然元素的圖騰；現代簡潔空間的條紋與千鳥紋，古典語彙的巴洛克捲葉花紋與變形蟲紋古典語彙。施工上要記得安排在裝潢工程中的最後，以免木作碎屑、油漆塗料傷及壁紙平整性與美觀性。

圖片提供 © 蟲點子創意設計

深紫色黑板漆做為家的塗鴉牆，黑鏡隱藏門片也放大空間。

4 木皮、文化石、玻璃鏡面

木素材用於牆面最能營造出居家空間無壓、溫馨感，在選擇木材主要除了木種、特性、顏色之外，木頭的紋理及深淺，甚至不同的施作加工方式，都會關係到風格呈現。文化石的堆砌拼貼感，讓人聯想到鄉村莊園或歐風城堡，因此是營造溫款異國風情的絕佳素材，局部點綴就有顯著的效果。鏡面則是放大空間的的法寶，透過折射光線與倒影，也能做出或前衛或寧靜的空間感受。

關於文化石，想了解更多

1 文化石的填縫有哪些做法呢？該留多寬才合理呢？

磁磚（文化石）鋪貼相接合處，中間必須有合理的縫隙存在。通常來說依照材料性質及想表現的風格不同，縫隙的大小依需求而留出適當的距離。縫隙需要有填充材料將縫隙填平，以避免水、灰塵及髒汙掉入縫中而難以清除。市面上使用的填縫劑普遍為水泥基材，有多種顏色供選擇，通常會搭配文化石的顏色。一般是留 0.8 ～ 1.2 公分，太窄會感覺壓迫，太寬會影響美感。

2 文化石轉角有哪些做法？

可加工磨成 45 度內角，或是使用文化石轉角磚。轉角處的收邊方式有二種做法，一種是透過加工方式，將磁磚磨成 45 度內角拼接結合面，但要注意需磨去尖銳邊緣，以免碰撞受傷。或者是購買同花色款式的轉角磚，透過層次鋪貼，質感呈現比較自然一致。

風化板的適合區域

適用於不常碰觸的牆面、櫃門板或天花板。風化板是利用滾輪狀鋼刷機器磨除紋理中較軟的部位，使紋理更明顯，同時也增強天然木材的凹凸觸感，各種木種皆可做為風化木板，但為了要特別突顯出加工效果，所以通常會選用質地較軟的木種，其中最便宜、生長快速的梧桐木是目前最常使用的木材，但因質地偏軟容易造成凹痕，經過加工後而變得凹凸的表面，容易卡灰塵，相當不便於清理。另外，風化板與其他木料相同，怕潮溼、溫差變化過大，甚至怕油煙，較適合貼覆於室內乾燥區域的璧面、天花、櫃體等，至於廚房、衛浴間則較不適合。

塗料的種類探索

1 聽說珪藻土有調濕功效，可用浴室壁面嗎？

最好不要用在容易用水沖刷的區域，以免造成表面脫落。

雖然名為土，但它本身並不是一種土壤，而是由水中屬於藻類的植物性浮游生物製作而成的塗料。珪藻土有著無數細孔，能將空氣中的水分吸取並且排放，達到安定室內溼氣及乾燥的調節功能。珪藻土屬於天然材質的黏土，成分溫和不易對人體健康造成傷害，適合用在室內客餐廳、房間等處，最好避免用在浴廁等容易遇水沖刷處，以免成分還原，容易造成表面脫落。

2 乳膠漆水泥漆有何不同？

依個人預算與想呈現的空間質感做選擇，水泥漆好塗刷、好遮蓋，乳膠漆漆質平滑柔順，漆完質感較細緻。

塗料的基本款應該算是水泥漆了，具有好塗刷、好遮蓋等基本塗刷性能，便宜又好用是它最大的優點，但最讓人詬病的就是揮發性有機化合物 VOC 的揮發問題，無論是水性或油性水泥漆，漆完後多多少少有讓人不舒服的化學味道。至於乳漆塗刷後的牆面質地相當細緻，不容易沾染灰塵，又耐水擦洗，而且因應環保，也開發出多種功效，包括抗菌防霉、淨化空氣等，雖然施工成本比水泥漆提高許多，但好的乳膠漆可以維持 5 年再重新粉刷，長遠來看比較划算。

3 用仿石材的塗料是否比貼石材便宜？

改用仿石材塗料，如可替代大理石的馬來漆價格約為 NT.5,000 ～ 6,000 元／坪。

仿石材效果的特殊塗料產品，多為天然石粉、石英砂，經高溫窯燒（600℃ 至 1800℃）而成之有色的磁器骨材，以專業噴漆施工後會呈現仿花崗石、大理石的漆面效果，色澤自然柔和，不會色變或褪色，非常耐汙又防水，使用在室外至少可以維 10 年以上。若居家空間想使用大理石石材，又礙於價格上的考量，可以能呈現如同大理石質感，價格和施工相對來得便宜、容易的馬來漆做取代。馬來漆可透過批刀自由創造花色紋路，表現形式不受拘束，搭配各種風格空間都很適合，其塗料內含石膏、灰泥、大理石粉，有的還加入雲母材質，不同的成分含量、不同的施作方式（如批土的凹凸肌理、拋光處理等），能創造出多元迥異的視覺效果。

圖片提供 © 蟲點子創意設計

客廳電視牆為文化石磚牆，玄關局部採用仿清水模漆。

不吃虧 TIPS

（1）牆面佔視覺面積較大，選用強烈顏色時需考慮整體效果。

（2）牆面不平會造成壁材附著不易、表面不平整，批土價格高，建議若無漏水直接封板。

Point 07 高顏質廚房！廚具的規劃與材質詳解

近年來開放式廚房設計越來越盛行，已打破廚房原為密閉式空間的觀念，與生活空間的藩籬逐漸消失，加上外觀設計對美感的要求越來越高，廚房躍升為營造居家氛圍重要的一景。若能事先確定電器的樣式，可在設計規劃時更精準，避免事後修改導致預算追加，如冰箱的尺寸和開門形式，左開、右開、雙邊開，有抽屜嗎？洗衣機是上掀式還是側開式？進水孔與排水管位置能否配合水龍頭與排水洞位置。會買烘碗機嗎？是否需增設插座？廚房若要做電器櫃，烤箱、微波爐的尺寸，會影響電器櫃的大小、深度與高度。順手好用，美觀易維護是規劃重點。

懶人包速解 從烹調習慣找適合廚房設備

烹飪方式	挑選思考原則	推薦建材設備
中式菜色或經常開伙	・水槽要能容納中式炒鍋 ・瓦斯爐要能同時放得下炒鍋和湯鍋 ・排油煙機吸力要強	斜背或平頂式排油煙機、台爐或嵌爐、不鏽鋼水槽
西式或輕食料理	・收納異國食材及調味料的空間 ・搭配餐食的餐具要安排收納空間 ・以平底鍋烹調為主	吊櫃、下櫃、電陶爐、歐化排油煙機、琺瑯水槽、吧檯
經常烘焙	・需要充足的料理檯面 ・烤箱使用要方便 ・收納烘焙器具	石英石、賽麗石、嵌入式電器櫃、餐櫃、中島

從一字型擴充成 L 型廚具

從收納空間的規劃、門板更新及水電配置是否更動三方面規劃考量。一字型廚房增加為 L 型廚房，除了可以增加廚房的收納與運用空間，還能活用吧檯與邊桌的設計，讓整個廚房的價值與氣氛活絡過來。以下是更動時需注意的事項：

1 思考收納空間的規劃

需先思考要增加多少收納空間，這些空間需要用來擺放哪些物件（擺放鍋碗瓢盆或要將電鍋設計一個安置區域等）？新增的 L 型廚房，還要額外增加哪些烹調或其他功能（如增設電烤箱或結合餐廳空間運用等）？一一考慮清楚，新增的廚房歸劃才算大致成形。

※ 各種平面配置的廚房與廚具特色

廚具類型	特色	規劃要訣	坪數需求
一字型	廚具沿牆擺設，最節省空間，適合小坪數廚房。	1 為省空間並保持動線流暢，廚具上方可設收納櫥櫃。 2 收納冰箱、微波爐、烤箱、電鍋等家電，可在廚具兩側設置獨立的電器櫃。	適合 2 坪以下。
L 型	1 廚具沿著兩面牆的交接處配置，比一字型廚房多些櫃體。 2 可充分用到轉角空間。	爐口區與水槽分置於兩個不同的軸線，以便打造最高效的三角動線。	短軸這側最好有 140 公分以上。
雙邊二字型	沿著相對的兩面牆各擺設一排廚具。	1 料理區與電器櫃分開。 2 水火分離：將爐檯與水槽分開。	中間的走道距離 90～120 公分最理想。
ㄇ字型	1 廚具沿著三面牆擺放。 2 適合坪數較大的廚房。	結合 L 型及雙邊二字型的廚房設計特色，可將料理區及電器櫃分開處理，且爐檯與水槽也可分開處理。	中間的走道距離最好留有 90～120 公分左右。
中島型	工作檯周遭不與任何廚具、牆面相連。	中島可視為備料檯、額外的工作桌、調酒吧檯、餐檯。也可設置水槽甚至瓦斯爐。	至少 3 坪以上。

2 門片更新

將原有的門板更新處理是廚房舊換新的常用方式，維持原本空間格局卻擁有嶄新樣貌。交給專業人士更能詳細的規劃，包含時程的拿捏與最重要的預算掌握。

3 水電配置是否要更動

一般來說，會先確定規劃的動線是否需動用到泥作工程、水電配置是否需修改，接著仔細做好費用評估與施工花費的日期預估等事前準備，後續廚具進場安裝約為一天左右。使用者確切的明瞭自己的需求才能規劃出理想廚房。

檯面材質挑選與計價

目前常用檯面以賽麗石價錢最高。而每種材質皆以公分計價。廚具檯面材質分有：人造石、不鏽鋼、石英石、賽麗石、天然石、美耐板、珍珠板，其中美耐板、珍珠板在住宅空間使用已經不多，而天然石由於保養維護不易，加上搬運困難，所以也比較少人用，最普及的材質當屬人造石、不鏽鋼，兩者價位為普羅大眾接受，對於保養清潔上也很方便。價位最高的賽麗石，每公分為NT.125 ～ 300 元（視花色而定），不過它硬度高，耐刮耐熱表現都非常好。

不鏽鋼下嵌式水槽。

攝影 © 蔡竺玲

材質	價格（公分計價）
天然石	NT.130 元
賽麗石	NT.125 ～ 300 元
人造石	NT.90 元
石英石	NT.110 ～ 180 元
不鏽鋼	NT.100 元
美耐板	NT.15 ～ 20 元

裝潢 Q&A

舊有磁磚牆面能直接貼覆烤漆玻璃嗎？

A：一般來說都可以，若預算夠建議是拆除原磁磚牆再貼覆烤漆玻璃。

舊有磁磚貼覆烤漆玻璃，會有幾個問題存在，烤漆玻璃使用的黏著劑並非全面性塗布，而是選擇四個邊緣施作，中間未能與舊有磁磚牆面達成緊密完好的附著，因此容易產生水氣，所以建議還是將原磁磚拆除再施作烤漆玻璃為佳。

開放式廚房的抽油煙機選擇

建議選用採用高速馬達的倒 T 型除油煙機，就能兼具風格和吸力。有些進口排油煙機甚至可做到如吊燈般的造型，不論造型為何，排油煙機首重的就是排風量，選購時記得注意吸力值愈高表示吸力愈強，而過去倒 T 型排油煙機吸力較弱的問題，近來已有廠商改良為高速馬達，讓倒 T 型排油煙機的吸力跟傳統排油煙機一樣好。

廚具吊櫃固定

常見的方式是利用壁釘將櫃體固定在牆面上，但需注意牆面結構需為實心牆。

廚具吊櫃安裝分成二種做法，一種是使用專用的吊鉤器，此種工序較為複雜，最普遍的做法是利用壁釘方式直接將櫃體固定在牆面

上，再利用吊櫃內的吊櫃五金去控制調整吊櫃的位置，每個吊櫃與吊櫃之間利用螺絲固定，如此便能確保結構穩固，不論上吊櫃使用什麼工法，皆需抓好水平基準，安裝好的廚具才會好看。

須預留專用電路的廚房設備

蒸烤爐、烤箱、RO 逆滲透、炊飯器櫃等皆需要設備專線單獨迴路，避免造成日後無法正常使用。

廚房家電用品的電壓包含 110V 和 220V 兩種，其中烤箱、蒸爐、蒸烤爐、RO 逆滲透都需要有專用單獨迴路，最好也將安培數調高。烤箱、蒸烤爐、咖啡機、蒸爐等都有進氣、排氣的需求，所以電器後方一定要多預留 5 公分，好讓電器散發出去的熱氣有個緩衝，不至於直接影響機器設備。

圖片提供 © 摩登雅舍室內設計

在坪數不大的廚房，刻意打通與餐廳相鄰的牆面，玻璃格窗的設計有效擴伸空間，也重現經典的美式鄉村風格。

設計廚櫃要注意

廚櫃各有搭配的五金，可依需求及預算選購。

若廚房空間小，不妨購買多功能的家電與廚櫃做整合，不過在規劃時要注意使用的便利性和安全性。

各式廚房收納五金的使用方法及特色

適用空間	類型	特色	使用壽命	價格帶
底櫃	拉籃、側拉籃	抽拉式設計，操作省力	確保 10 萬次使用	NT.1,000 元起。分國產與進口品牌而有極大價差
吊櫃	電動升降櫃	利用電動式設計，來進行吊櫃空間的收納分類，避免因使用椅凳發生意外	約 5 萬次使用	NT.20,000 元。分國產與進口品牌而有極大價差
	機械升降櫃	與電動升降櫃的設計有異曲同工之妙，但在停電時仍可使用	約 10 萬次使用	NT.6,000 元起（深度 30 公分者）。分國產與進口品牌而有極大價差
轉角空間	小怪物	為連動式拉籃，輕巧帶出隱藏於轉角空間的物品，收納容量較大	約 10 萬次使用	NT.5,000 元起（100 公分寬者）。分國產與進口品牌而有極大價差。
	轉盤設計	包括旋弧式轉盤、3/4 或半圓盤設計，分層獨立使用，收納容量較淺	約 10 萬次使用	旋弧式轉盤 NT.10,000 元起、3/4 轉盤轉盤 NT.5,000 元起、半圓盤 NT.5,000 元起。分國產與進口品牌而有極大價差

不吃虧 TIPS

（1）想要開放式廚房設計，也需考量自己的烹調習慣，大火爆香快炒的油煙和氣味，只靠抽油煙機是不夠力的，空間足夠可考慮規劃內外廚房。

（2）廚房收納除了電器櫃之外，還要思考冰箱與餐具食材的收納，收納足空間才能保持整潔。

Point 08 生活品質看衛浴！設備選用分析

早知道就用好一點的龍頭和面盆，水一直濺出來清潔好困擾

家若沒有瑪麗亞，衛浴選材要思考日後清潔維護工作。如果你熱愛打掃勤於整理便無妨，想偷閒選對材質和設計，讓衛浴輕鬆洗卻一身煩憂，回家就紓壓。講求生活質感以及設計品味的今天，衛浴空間內的任何配件，除了提供實用機能之外，更能帶來有如藝術品般的質感與裝飾效果。淋浴用花灑、水龍頭以及各種五金配件，早已跳脫單純的功能性設計，多元材質與表面加工，造型的變化加上性能提升，讓衛浴五金朝向精品方向表現，使得沐浴成為生活中的一大享受。由於衛浴的種類越來越多元、安裝上也越趨複雜，所以盡量由專業的衛浴廠商負責安裝，越了解安裝的細節，才能避免安裝不當造成日後困擾。

懶人包
速解

從生活習慣看衛浴規劃

區域	生活習慣	挑選思考點	推薦建材
洗澡區	習慣淋浴	非常在意乾濕分離	外推式或推拉式淋浴拉門
	經常泡澡紓壓	衛浴空間有限，或泡澡頻率不頻繁	獨立浴缸＋浴簾
		衛浴空間充裕，重視放鬆紓壓，或幾乎天天都要泡澡	嵌入式浴缸、磚砌浴池＋另外規劃淋浴區
洗手區	單純洗手，刷牙洗臉	預算有限或空間小	壁掛式面盆
	還有化妝需求	要額外考慮光線及收納、檯面空間	下嵌式或檯面式面盆
如廁區	與洗浴區合併或獨立	想要清潔方便，或馬桶移位不想墊高地板	壁掛式馬桶
		價格實惠，在意沖水力道但水壓不足	二件式馬桶
		不想水箱管線外露或在意沖水音量	單體式馬桶或壁掛式馬桶
整體	浴室通風條件如何，多在意潮濕問題	未預留電源或預算有限	換氣扇
		家有長輩兒童對溫差敏感	多功能換氣暖風乾燥機

讓衛浴瞬間升級的做法

1 玻璃淋浴門

淋浴拉門的門片材質有 BPS 板、強化玻璃，前者價格便宜，但是透明度不高，而且耐熱度只有 60 度，且不耐撞擊，遭受重擊容易破碎。強化玻璃則是耐撞擊度高，具有透明度的特性也可讓衛浴空間更放大，其款式又包括透明、霧面、有邊框和無邊框。外框多以鋁料為主，有些會強調採用鋁鈦合金製成，但面對衛浴空間的長期潮濕，以後者建材材質較適合台灣氣候及環境。

2 獨立浴缸、砌磚浴池

市面上販售的浴缸種類十分多樣，以材質來區分，大致上包括壓克力、鋼板塘瓷、鑄鐵、玻璃以及 FRP 玻璃纖維，其中鑄鐵浴缸的保溫效果最好，耐壓抗力高也容易清潔，但缺點是搬運安裝不易、價格高，此外，壓克力、鋼板琺瑯的保溫效果也算不錯，前者重量輕、表面光滑，可惜是硬度不高，比較容易有刮傷的問題，鋼板琺瑯相對比較耐磨損，保溫效果最差應屬於玻璃浴缸，價格較高，而且也比較沒有防滑效果。

暖風扇熱源系統

	鹵素燈管	陶瓷燈管	碳素燈管
優點	利用燈管內的電熱絲發熱產生暖氣，加熱速度快，適合小浴室使用，還能兼作照明。	以電流通過陶瓷板進行加熱，再利用風扇循環擴散熱氣，耗氧量低、機器耐濕。	原理與鹵素燈管相似，將金屬絲改成碳素纖維，熱轉換率高，達到暖房效果速度快，相對較省電。有些廠牌推出雙馬達雙風道設計，可同時使用暖房與換氣功能。
缺點	電熱絲發熱時溫度相當高，耗氧量相對大，使用久了會覺得過於悶熱，而且越靠近發熱源熱度越高，距離越遠會有溫差。	風扇噪音較大，加熱器衰減必須再替換。	主機附近的溫度稍高。

安裝暖風乾燥機要注意

電力負荷要足夠才能安裝。現代人越來越重視衛浴品質，暖風乾燥機甚至也成為某些新建大樓住宅基本的設備，好處是冬天洗澡不怕冷，夏天洗澡也不會太悶熱，如果沒辦法更改電線的話，可選用排風扇。

浴室乾燥機的電量負荷要注意，如果選擇多功能浴室乾燥機，要考慮電線的負荷性及控制面板的出孔位置。另外由於品牌不同，所以也要特別注意和水電配置是否相合。

馬桶沖不乾淨的原因

有洗落式、虹吸式和噴射虹吸式，針對水壓與需求挑選。此外，若馬桶的陶瓷表面有再上一層奈米級的釉料，會不易沾汙更好清理。

1 洗落式

歐洲國家使用率較高，利用水流的衝力排汙，沖力強、用水量省是一大優點，但是排汙時噪音大且容易濺水。

2 虹吸式

以虹吸效果吸入汙物，所以水量是虹吸效果好壞的重要關鍵，往往必須到 12 公升，用水量相對較大，且由於壁管長、彎度多，比較容易阻塞，但聲音來得小。

3 噴射虹吸式馬桶

是虹吸式馬桶的進化版，兼顧直沖和虹吸的優點，在虹吸式便器的基礎上增設噴射出口，加強馬桶的沖水力道。

裝潢 Q&A

水壓小又是頂樓的房子，適合安裝淋浴柱嗎？

A：建議水壓要在 2 公斤以上，不夠就要加裝加壓馬達，也要注意管線的耐壓度是否足夠。安裝淋浴柱有幾個重點，首先必須了解淋浴柱的基本水壓，通常是在 2 ～ 3.5 公斤之間，但舊公寓、大廈多半水壓都不夠，所以必須加裝加壓馬達，淋浴柱的 SPA 效果才會好，另外還要確認淋浴柱的高度和進水管的管距是否與自家浴室空間吻合，尤其進口產品和國內規格會有出入，選購時要特別注意規格尺寸。如果同時又要安裝按摩浴缸、蓮蓬頭與浴柱等，也得安裝水路轉換器。

浴室馬桶、面盆與浴缸的配置關係

一般家庭的衛浴空間並不大，可先將占據最大空間的物件，例如馬桶、面盆、浴缸等先行定位，再來考慮收納櫃和配件的問題。

長方形衛浴空間比正方形還要好規劃，可以將馬桶、洗手檯、淋浴作區隔，馬桶通常不對門，儘量放在門後或是牆後的貼壁角落，才有隱私感，尺寸、設備距離的拿捏更是關鍵，舉例來說，馬桶的寬度雖然是 38 ～ 40 公分左右，但兩側也得預留 15 公分左右的寬度，迴身空間比較舒適，而面盆尺寸則可依據空間做選擇，目前最小有至 36 公分，或是可搭配轉角盆使用，更不占空間，如果欲規劃浴缸，一般浴缸尺寸長約 150 ～ 180 公分，寬約 80 公分，高度為 50 或 60 公分，也得預留出適當的距離，動線才會流暢寬敞。

攝影 © 蔡竺玲

安裝龍頭。

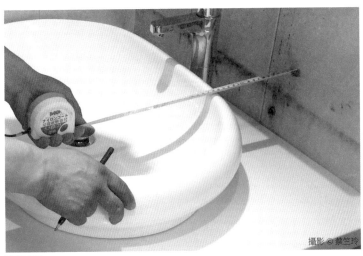
攝影 ◎蔡竺玲

安裝面盆。

有浴缸的衛浴想改成乾濕分離

建議使用一字型橫拉或半面式一字淋浴門，適合小坪數浴室。

如果是要規劃淋浴區和浴缸分開的衛浴空間，可使用一字型「橫拉式」門片，相較於「內推式」淋浴拉門，轉身空間更為舒適，此外，橫拉式拉門又分「簡框」、「無框」兩種，無框式設計具有更強烈的視覺放大感。然而，假如為淋浴與浴缸結合使用的衛浴，可選擇半面式一字淋浴拉門，視覺上保有延伸開闊的感覺，也讓浴缸與其他設施達到明確的區隔。材質上，應當選用強化玻璃，在視覺上有放大的效果。

馬桶位移不想墊高地板

採用埋壁式馬桶糞管埋於牆內，不用將地板墊高。

中古屋裝修時如果遇到馬桶位置變更的問題，但又不想架高地板，不妨選擇埋壁式馬桶，懸空設計視覺效果力落，清潔時無死角，也十分方便。

不吃虧 TIPS

（1）安裝玻璃淋浴門須注意門框穩固度與鉸鍊是否安裝確實，避免發生掉落意外。
（2）小坪數衛浴要留意內部動線安排，避免使用不順手降低生活品質。
（3）選用有國家標章的衛浴設備，避免爆裂或材料有問題。

Point 09 花起來也是一筆的窗簾怎麼選

窗簾一般用來做為遮光功能，但其實也會影響居家氛圍，因此想為居家空間增色，可選擇適當的花色，增添一些豐富感受窗簾種類繁多，每個人對窗簾的需求不盡相同，有人只求簡單好清理，有人想要浪漫窗簾營造氣氛，但其實窗簾對於空間佈置有很大的影響，色調、材質、樣式都必須搭配風格；適當的運用窗簾，能替簡單的空間呈現溫馨的感覺。

窗簾的長度及吊掛法會影響配飾組合，通常長簾比短簾好做造型，兩邊開比一邊開的窗簾元件多。上下雙層並向兩邊開展的歐式古典窗簾，基本的結構就是薄紗濾光簾＋窗簾。另外還有不同的附件如：窗簾飾帶、裝飾幔、窗簾鉤、流蘇等。配色上，以不超過兩種色系為佳，即窗簾布本身一個色系，流蘇及配件同為另外一種色系。

窗簾形式與種類

1 打洞式

打洞式又稱孔眼式,這類窗簾看來清爽簡單,很適合與藝術軌道桿做搭配,不過穿桿的部位大多以金屬環製作,金屬環在桿子上長期拉扯,可能會傷害藝術木桿的表面,而且也會產生較大聲響。

2 吊帶式

吊帶式又稱掛耳式,這類窗簾強調自然、有個性,就像披掛在軌道桿上的一幅圖畫,許多歐美地區的消費者都偏好此類窗簾。

3 法式波浪簾

在傳統打摺窗簾的上蓋做固定式波浪造型耳幔,是一般最常見的法式波浪簾,波浪的造型多變,喜歡華麗風格的人甚至可以選擇在波浪上再加上流蘇。

另一種新式的法式波浪簾則為上下捲動式,原理與羅馬簾類似。要做出美麗的波浪,通常建議一個波浪的寬度不要小於 60 公分,而且,由於是往上捲動的窗簾,布料長度通常要抓窗框長度的 1.5 倍才夠。

4 傳統 M 形軌道窗簾

傳統 M 形軌道窗簾又稱勾針簾或滑桿簾,是台灣市場接受度最高的窗簾形式,每個窗摺與窗摺之間的間隔大約為 10 ～ 12 公分,布料的寬度通常要窗框寬度的 2 倍以上,做出來的窗摺才會漂亮。布料的厚薄度也會影響窗摺的形狀,如果布料很薄的話,那窗簾布的寬度就要增加為窗簾框的 2.2 倍至 2.3 倍以上。若想強調窗摺深度,甚至可以採用窗框寬度 2.5 倍至 2.7 倍的布料;如果追求的是不明顯的窗摺,或是線條更簡潔、簡單的樣式,不妨採用 1.75 倍的布料。

5 蛇形簾

近年流行的蛇形簾可以算是一般傳統軌道簾的進化版,看來大器的蛇形簾,因為要強調其波浪度,所以布料需要增加到窗框的 2.5 倍以上,而且窗摺與窗摺之間的間隔比傳統式窗簾來得更密,大約為 6 ～ 8 公分。

6 穿桿簾

穿桿簾向來是最簡易的窗簾,價位通常也容易親近,除了可以搭配藝術窗簾桿,還可以選用伸縮桿,將伸縮桿固定在窗框,立即變身為窗簾桿,針對某些在外租屋或是不想在牆上鑽洞的消費者來説,不失為理想的變通方案。

7 吊環式

吊環式是市售現成窗簾最常見的款式之一，此種款式窗簾的出現讓一般打摺窗簾也能搭配各式藝術軌道。此外，依據不同的打摺方式，又可以變化出高腳杯式、鉛筆式等不同樣式的吊環式窗簾，變化性十足。

8 羅馬簾

屬於上拉式的布藝窗簾，較傳統雙開簾簡約，能使室內空間感較大。放下時為平面式的單幅布料，能與窗戶貼合，故極為節省空間。收拉方式為將簾片一層層上捲，折疊收闔後的簾片，視覺上具立體感，一般使用較為硬挺的緹花布和印花布製成。

9 捲簾

平面造型輕薄不佔空間，透過轉軸傳動，使用操作簡單。材質不易沾染落塵，不用擔心塵蟎過敏問題，且維護保養便利。除了傳統的天然材質如竹簾、植物纖維編織之外，現今多為合成纖維與純棉材質，表面經特殊處理，灰塵不易附著，亦有防水功能，適用於浴室等地方。價格平實，可自行 DIY 組裝，但較不適用大面積的窗型，因為布料是軟的，面積過大，無法呈現出捲簾的平整與硬挺度。

10 百葉簾

雖然不是織品類的窗簾，但白色或木百葉卻是營造鄉村風格的重要元素，原理和捲簾類似，只是全部放下時，仍有調節空光線的效果。

這樣挑就對了

1 窗簾圖騰要與風格相呼應

窗簾色系與圖騰建議要與風格相呼應，色系可從空間、傢具挑選，就能讓色調更加一致；圖騰上則要從風格做選取，像是北歐風就可選用植物圖騰、鄉村風適用小碎花樣式、古典風則可用大型雕花圖騰的窗簾。

2 窗簾樣式可依喜好做決定

常見窗簾樣式有雙開布簾、羅馬簾、捲簾、百葉窗簾，可依喜好做樣式的決定。另外也可以搭配風格，雙開布簾可用於各種臥房，而捲簾則很適合現代、時尚都會風的臥房。

3 材質也會影響使用機能

窗簾布的材質也會影響使用機能，像是純蠶絲的材質很容易變色，不建議設於會長時間曝曬到陽光的窗戶。

4 別只看一小塊布料就決定

布料圖案花色的表現與窗簾形式有關，因此要掛起來看才準，千萬別憑一小塊布料做決定。

5 大窗戶不適合小圖案

針對尺寸偏大的窗戶，不適合選擇以小碎花或小圖案組成的窗簾布料，因為太多細小的圖案掛在一面大窗上，會讓人感到眼花撩亂。

掌握佈置關鍵

（1）落地窗簾以離地 1 公分最好看
（2）從空間、傢具挑選色系，能讓色調更一致
（3）素色窗簾布搭配花窗紗，花色窗簾布搭配素窗紗

擺設佈置這樣做

1 寬度

窗簾應做到超出窗框約 10 公分左右，不僅是為了美觀，也是考量到有效遮光，比較不會有漏光的可能。若是要特別強調藝術桿的飾頭，可以考慮把寬度加到超過窗框 15 公分。

2 長度

落地窗窗簾標準的長度是離地 1 公分，過長或過短都不好看。若想要長度超過地面的窗簾，長度應該要超過地面 45 ～ 60 公分，才能創造出「裙襬」效果，或是像一朵鋪在地面上的花瓣；不過，「裙襬」效果的窗簾比較適合古典法式或英式風格的窗簾，其他風格可能不太適合。

3 窗簾與窗紗的搭配

一般來說，窗簾若是有印花圖案，則建議搭配素色窗紗，反之，若窗簾為素色，則可選擇帶有圖案的窗紗。

4 依空間用途挑選合適的材質

客廳窗型通常為落地窗或長條型半窗，可選用雙層的對開式落地簾。衛浴空間可選防水的捲簾或百葉；廚房使用防焰、不易沾染油煙的材質，較為安全也方便清理；睡寢空間則可選擇遮光效果佳的窗簾或搭配雙層簾，以增加舒眠效果。

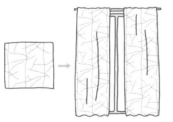

插畫 © 黃雅方

布料圖案花色的表現與窗簾形式有關，因此要掛起來看才準，千萬別憑一小塊布料做決定。

插畫 © 黃雅方

尺寸偏大的窗戶，不適合選擇以小碎花或小圖案組成的窗簾布料，因為太多細小的圖案掛在一面大窗上，會讓人感到眼花撩亂。

不吃虧 TIPS

（1）落地窗的窗簾長度要抓好，若作太短地面等高，容易有漏光問題。

（2）需要遮光的空間，不要選材質太輕透的窗簾布。

Point 10 什麼時間買傢具，要訂製還是買成品

一個完整的空間，硬體和軟體的搭配很重要，但若是空間條件不錯而裝修預算又真的有限，不妨調整一下預算的分配，加重軟體預算成本，利用彈性較大的軟裝佈置，加上一些搭配的小技巧，就能快速又簡單改變居家空間感與氛圍。

其中居家軟裝最重要的元素之一就是傢具，不單單只有實用性機能，傢具更能直接影響空間感及整體風格的呈現，從沙發、茶几、單椅到櫥櫃等，不論是單獨擺放，又或者以多個傢具單品形成一個風格角落，只要抓準比例與素材特性，做出適當的配置、擺設、與搭配，立刻就能為你的居家空間加分；而因應時代趨勢傢具的機能也愈來愈多元，擁有複合機能兼具美形的傢具，可解決不利於被使用的空間問題，同時也讓居家空間變得更豐富且具靈活性。

主要傢具選搭重點

種類	特色	空間運用重點
沙發	常見款式為雙人沙發、三人沙發、L形沙發，可將雙人沙發與三人沙發組合成一套。另外，也會以扶手椅與沙發做搭配	客廳主要傢具之一，除了風格因素外，順暢的動線、空間的比例以及生活習慣，都必須考量進去
桌	桌子不外乎餐桌、書桌，材質的選擇與配置方式，都是餐廳整體氛圍營造的重要關鍵	餐桌、書桌可視空間風格做選擇，但尺寸大小也要考量，以免影響動線順暢
椅	在空間多擔任調度角色，但愈來愈多人以舒適與生活習慣做傢具的配置，因此不被拘限在使用	各個空間皆適合，主要以自己的生活習慣與舒適性做選擇，同時也可當成餐椅、書椅使用
几	茶几或咖啡桌因應空間需求有多種變化，例如常見的套几，不用時可重疊收納，有些茶几下方設計抽屜櫃以便收納	茶几和邊几多配置在客廳，是客人來訪時，置放茶水點心的位置，或平時放遙控器等小物的桌面
櫃	不論是鞋櫃、衣櫃或書櫃，櫃子多是用來做居家收納功能，但也有人拿來當成展示用途，轉化收納功能變成美型展示	由於櫃體積龐大，所以在配置上最好考量尺寸大小以配合空間，以免影響餐廳動線
床	床由床架與床墊組成，是臥房最重要的傢具，應以舒適為首要選擇，接著再考慮風格搭配	床的擺放要特別注意與傢具間的適當距離，別因距離過近而充滿壓迫感，以致無法達到放鬆目的

選購傢具要注意

1 大型或必要的傢具優先購買

預算有限下，建議應以大型或必要的傢具作為優先採購重點，像是入住後一定得需要床、沙發、衣櫃等，就應先行購買，至於像邊几、床頭櫃等，較不迫切需求的，則可日後再慢慢補足。

2 切勿勉強購買傢具

若是因預算有限，傢具購買上一定會有所限制，建議購買時千萬別勉強買一些當下並不需要的傢具，或是未能搭配居家風格的產品，不僅導致整體質感降低，也極有可能浪費預算。

3 從年輕設計品牌入門

裝潢到最後，常常傢具費用所剩不多，想要品質不差又能兼具美感，不妨可以從年輕設計品牌來挑選，像是 IKEA、無印良品、HAY，或是到台北文昌街挖寶等，都可以找到既有設計感、價格又親民的傢具傢飾產品。

4 平價單品為主，設計傢具為輔

對於一般人來說，想要買下滿屋子的經典傢具來進行傢具佈置，幾乎就是不可能的事情。就單椅而言，設計師款經典單椅從台幣上萬元到近百萬元都有，相較一般平價設計品牌，往往都有倍數以上的價格差距。這時不妨選擇大部分平價設計單品，再適度搭配 1～2 件高質感單品畫龍點睛一下，就能有效襯托空間質感。

5 訂製傢具傢飾數量勿太多

訂製傢具訴求客製化，價格通常會比同等級的現成傢具高，建議添購訂製傢具傢飾時，數量勿太多，以免在必要傢具未買齊前，就已大大傷了荷包。不希望造成預算超載，在費用分配上，可以挪一些費用在造型傢飾或燈具，購買 1～2 件造型燈具或是傢飾品，不僅能讓空間變得很有主題性，還能突顯個人的生活品味。

了解訂製傢具的計價方式

訂製傢具會比現成傢具約貴 1～2 倍。但功能、樣式、尺寸、材質都可以完全依個人需求和喜好來選擇，是百分百量身訂製的傢具。不過，訂製傢具的價格會隨著材料使用的等級、傢具師傅做工的細膩程度而有所差別，還是要多方比較打聽比較保險。例如以一般以 3 人座的皮質沙發為例，訂製的話，皮料尺寸大小用材約要 NT.450～700 元／才（1 才＝30×30 公分＝90 平方公分），然後再加上骨架的材質、內材用料、製工品質的要求以及設計費用等，整個算起來通常超過上萬元。

圖片提供 © 蟲點子創意設計

一張單椅就能創造風格角落。

選對沙發營造客廳視覺重心

1 布質沙發

布質沙發的價格通常取決於布料的好壞，通常一組 3 人座布質沙發，所使用的布料碼數約在 20 ～ 35 碼之間，再加上骨架的材質、內材的用料及傢具設計費用等，才是最終售價。

單價較高的布沙發大部分採用的是歐美進口布料，針織密度約每平方公分 1,800 針以上，觸感及花色品質都佳，其中包含一些特殊材質的布料，例如絲綢，市價約在 NT.1,000 ～ 3,000 元／碼，適用於 NT.8 萬～ 12 萬的整套沙發。

中價位款式通常採用台灣製造布料，針織密度約每平方公分 13,000 針左右，甚至更佳，市價約 NT.250 ～ 1,500 元／碼，適用 NT.4 萬元～ 8 萬元的整組沙發。

一般低價位商品，所選用的布料則通常是由大陸進口的印花或平織布料，採用較低的顏料與簡化的染色過程，價格大約 NT.100 ～ 300 元／碼，適用於 NT.25,000 萬～ 40,000 元的整組沙發。每個人的預算不同，端看自己手上的預算以及家裡的風格，來決定購買哪種價位及沙發的樣式。

2 皮革沙發

皮革沙發分為水牛皮革沙發、合成皮沙發及全苯染皮沙發。水牛皮革沙發產地為泰國及中國大陸，因質料較硬，柔軟度欠佳，所製造的沙發產品屬低價位產品，皮革市價約 NT.35 元／才，全牛皮沙發整組約 NT.30,000 ～ 60,000 元不等，半牛皮約 NT.27,000 ～ 40,000 元。

至於合成皮沙發，一般泛指 PVC 與 PU 等塑膠橡膠製成的纖維皮革，因其質料韌度、厚度（1.2/1.0/0.8mm）及透氣程度，價格有所不同，市價約 NT.60 ～ 100 元／碼，整組沙發價格約 NT.10,000 ～ 30,000 元不等。

而在進口傢具店看到的高級沙發，採用的則應該是所謂的全苯染皮，產地在歐洲中的寒帶國家，皮革組織細織，堅韌，不易龜裂，觸感極佳，透氣吸汗性高，皮革市價約 NT.120 元／才，但只限於全牛皮沙發使用，適用於市價 NT.20 萬元以上的整套沙發，好一點甚至可達上百萬元。

床架決定臥房風格

臥室裡最大的傢具就是床具，床架的形式及風格會影響臥室整體的氛圍及表現，因此，要佈置一個符合想要風格、完美的臥室，首先就是要決定床具的款式。

床架的選擇主要在於個人喜歡的風格或是所需的功能，面積較小的居室，可以選用具有收納功能的床架，床具兩側或是下方的大抽屜能收納很多雜物，是多功能的機能床具。每一張完整的床都是由床架、床板及床墊所組合而成，挑選最基本的床架部分尤其重要，床具的造型多變，很能夠符合現代人不同的喜好需求，包括現代感十足的設計、古典、新古典及鄉村風味等，就算同一種風格也會帶給人們不同的感官享受，挑選時必須考量臥室的風格及色調。

不吃虧 TIPS

（1）傢具購買時要吻合空間尺寸，建議在平面圖確認後再行採買，避免風格或尺寸不合。

（2）傢具品牌眾多，設計師品牌傢具有時會有促銷或展示品特賣，想以實惠價格購入，平時可多方留意。

case study

重新整理公私領域，
動線採光都升級

文＿王馨翎　圖片提供＿敘研設計

空間問題

1. 房間數過多，空間被切割得較為零碎
2. 封閉式廚房位於動線末端，上菜還需經過臥房才能抵達餐廳

解決方案

1. 拆除一房隔間，讓公共區擁有完整大面積採光窗景
2. 以客廳、餐廳、廚房連成公共空間的軸線，設計開放式客餐廚空間

設計裝修過程

位於都會近郊的 10 年中古屋，建商在 38 坪室內空間規劃雙主臥與雙客房，屋主一家成員僅有 4 人，多出一間空房導致空間閒置，且廚房位置動線的末端，若想將菜餚端上餐桌，還需經過臥房才能抵達，種種配置動線上的矛盾與不便，設計師於是大刀闊斧將格局重新配置，從大門踏入屋內，率先映入眼簾的是以自然光為背景的端景櫃，將原先的落地開窗改為固定式窗扇，並保留端景擺設的功能，並將周圍牆面設計成鞋櫃，客廳畸零區域改造為儲藏室，可收納行李箱。

為讓公共區域的空間感更加開闊，並優化整體動線，設計師重新思考隔間配置，將公共空間的軸線與廚房重新分配，使客餐廳連為一體，重新設計成開放式的餐廚空間，打開一個主臥房隔間，讓原在房內的落地窗面得以與客廳的落地窗銜接，使客廳擁有完整的採光面，引進充沛的日光。開放式的餐廚空間能擴大聚餐社交時所能容納的活動與人數，平時也能成為屋主與家人自在談心的場域，凝聚彼此情感。

Study 1.
更動室內隔牆，開闊公共區域

建商規劃格局為雙主臥及雙客房，由於家
庭成員共只需 3 間房，設計師將其中一間
擁有落地窗面的主臥隔間打掉，改造成與
客廳相連的開放式廚房，並將原本位於動
線底端的封閉式廚房改成其中一間小孩房。

Study 2.
無框式櫃體設計，展現俐落線條感

於色調純粹質樸的空間中，將室內收納櫃體以無框式設計表現，
刻意省略門框的設計，讓視線延伸無阻，空間的視覺感顯得更加
簡潔俐落。全室的白橡木紋理輔以流暢乾淨的線條感，呈現溫潤
中含有內斂時尚的風格。

Study 3.
整體空間的氣質提升

公共區域地面採用異材質拼接，客
廳鋪設白橡木地板，銜接廚房的磁
磚地面方便屋主清理與維護，刻意
選用 60 x 120 公分的尺寸，減少切
割面以及接縫線條，無形中提升了
空間的整體氣質。

Study 4.
藝術塗料增添空間層次感

客廳與臥房的牆面都選用萊姆石藝術塗
料,由於屋主喜歡色調純粹,清爽無壓的
居住空間,因此整體色調皆以中性色進行
搭配,唯獨小孩房以土耳其藍做跳色處理,
增加活潑度。

Study 5.
選用大尺寸磁磚營造石材質感

廁所壁面使用 45 x 90 公分磁磚,排列出類石材的質感,填縫處亦選用來
自義大利的填縫劑,與磚材顏色近似,減少分割線過於明顯導致的切割
感,使空間視覺感得以延展。

Dr. Home 裝修小學堂

裝潢建材的計價方式

裝潢工程常見計價單位

常見的 計價單位	換算說明	運用在哪裡
才	1才＝30.3公分×30.3公分＝918.09平方公分＝0.03坪	①大理石計量單位
		②鋁窗的計價單位
		③少部分會運用在磁磚的計價上
坪	1坪＝3.3平方公尺 有的估價單會簡寫成英文字的「P」	①地坪的計價單位，如木地板或地磚
		②壁面建材的計價單位，如磁磚
		③壁面油漆的計價單位
		④地坪的拆除工程計價，如木地板或地磚
		⑤天花板工程的計價單位
片	60公分×60公分＝3600平方公分＝0.11坪 80公分×80公分＝6400平方公分＝0.19坪	①特殊大理石或特殊磁磚的計價單位
支	一支＝53公分×1,000公分	國產壁紙的計價單位
尺	1尺＝30.3公分＝0.303公尺	①木作櫃體及木作油漆的計價單位
		②玻璃工程的計價單位，如玻璃隔間、玻璃拉門
		③系統傢具的計價單位
口		①部分泥作工程，如冷氣冷媒管及排水管洗孔的計價單位
		②水電工程之開關及燈具配線出線口的計價單位
組		①水電工程的計價單位
樘	類似「一組」的概念	①門窗的拆除工程計價單位
		②門或窗的計價單位
車		①拆除工程的運送費
		②清理工程的運送費
碼	1碼＝3呎＝36吋＝91.44公分	窗簾及傢飾布料的計價方式
式	「一式」的計算方式很模糊，泛指一些比較難估算的項目可用「一式」帶過，因此建議最好附圖說明	幾乎所有的工程都可以用

工和料分開計價或連工帶料哪個好

找設計師的情況

設計師的基本配件與屋主指定款的差異，這種狀況是很有可能發生的。以衣櫃的施工為例，木工要先做，然後接下來才是油漆進場，最後是貼玻璃、安裝五金，可能原本合在一起估價，約定收費大約 NT.5,000 元／尺，裡頭包含了設計師設定好的標準配件；但如果採分開細節計價的方式，屋主如果又有自己指定的配件五金，工資、零件、材料全部加總起來，收費很可能會上升到 NT.7,000 元／尺。因此屋主可以自行評估預算是否超出，找出最有利自己的估價法。

找工班的情況

找工班通常有兩種計費方式，「連工帶料」對一般人來說會比較省事，尤其是對於沒有太多時間比較建材價格與品質的人來說，這樣比較方便；「工、料分開」的方式，就是由屋主自己去找建材，然後請工人來施工，建材的費用可實報實銷，工人的費用就以一天工資多少錢來計算。

如果自己找的建材價格比工班建議的便宜很多，工、料分開的方式就會比較便宜。舉例來說，拋光石英磚的發包製作，連工帶料的價格是 NT.5,000 元／坪，若是自己買材料、找工人來貼，可能1坪可以省下大約 NT.500 元，但繁瑣的點工點料過程不但賠了自己的時間，沒有專業人員全程監工，完工品質不一定會比較好，這樣反而不划算。

另外，某些特殊建材，例如大理石，或者廚房的人造石，這些特殊建材要經驗老到的師傅才能完成，建議最好透過該建材商找有經驗的工班，以連工帶料方式進行，除了划算也降低出錯風險。

PART 3

「施工」品質怎麼管：
有概念，讓專家肯聽你的

知識就是力量，這句話同樣適用於裝修。對於裝潢工程有一定的
理解，會讓經常以先破壞再建設的工程，過程中不那麼令人擔憂。
但這並不代表你要親自會做，只需要對工程的來龍去脈有基礎的
認識，並且抓住重要的關鍵步驟監督確認，不要顯得一無所知或
擺出不想了解的態度，就不會讓有心人士有機可乘。

Point 01 怎麼拆除是學問，拆除方式與費用詳解

拆除工程看似是裝潢施工最簡單的項目，其實隱藏不少眉角，針對不拆的地板或是已經完成的櫥櫃，得選擇正確的保護材料才能達到防護效果，而拆除工程進行之前，最重要的口訣就是關水、關電，排水管也要確實封住做好保護，每個環節確實掌握，才能讓後續工程順利進行。大規模的格局變動拆除，建議可調閱藍曬圖或是委託結構技師確認，避免不小心拆到結構牆，拆除前也要注意排水管、糞管是否有封好，免得碎石或異物掉入發生堵塞。

拆除工程要注意

1 由上到下、由木到土

拆除工程和施工的順序剛好是相反的，拆除順序一般來說是由上到下、由內到外、由木到土，因此拆除時，通常都是先從天花板開始，接著才是牆面、地面，不過現場也可以依照情況作彈性調整，另外要注意的是，有些櫃體是與天花板連接，拆的時候也要格外注意，避免造成塌陷的意外。

2 分批拆除才能拆得仔細不易出錯

拆除工程通常分成兩種，一次性拆除、分批拆除。一次性拆除最大的好處是節省時間，但要在一天之內完成拆除項目，因為同一時間的施工人員、機器過多，容易造成場面混亂，以及有所遺漏的狀況發生，而且也因為機器共振關係，易產生裂縫，反而危險。分批拆除則是指 2～3 天的時間進行，可仔細檢視、控管拆除項目，避免後續發生必須二次拆除的情況，一方面也能減少同時產生的巨大施工聲響、噪音，減輕對鄰居的影響。

3 天花板先拆燈具、留心管線

由於天花板暗藏許多管線，拆除時要特別注意，小心不要破壞到灑水頭或消防感應器，曾經變更過格局的更要特別留意，裡面可能藏有不同用途的線路，安裝在天花板上的燈具要先拆下，再拆天花板。通常會以鐵撬敲破天花板板材，再大力向下扯使天花板整片坍塌，原本固定天花板的角料拆除時，角材釘子也要清除乾淨，不能留在牆壁上。

4 根據牆厚或建築結構圖判斷
　 避免拆錯牆

裝修拆除最重要的就是不能破壞樑柱、承重牆和剪力牆，剪力牆可以承擔建築物的水平力、垂直力，也可以在地震初期吸收大部份的能量，通常 RC 牆超過 15 公分以上，而且是 5 號鋼筋就有可能是剪力牆。拆除結構牆則是恐怕造成建物的結構倒塌，一般紅磚牆或是輕隔間厚度大約是 10 公分左右，如果是以紅磚砌的承重牆為 24 公分，混凝土結構厚度為 20 公分或 16 公分。最安全的判斷方法是直接請結構技師判斷，或是調閱建築結構圖分辨。

發包狀況題 Q&A

為什麼拆除天花板讓工地漏水？

A：新式大樓多裝有消防灑水頭，若拆除天花板之前，未先局部破壞灑水頭或消防感應器旁邊的木板，不慎勾扯可能會造成漏水。拆除後也可以檢查一下消防保全設施有無被破壞，以及倒吊管有無漏水的狀況。

5 拆除不擾鄰張貼告示並嚴守施工時間

最簡單直接的方式是，張貼告示讓鄰居和住戶知道將有裝修工程即將展開，施工公告當中也需條列告知裝修工程預計結束的時間、施工單位的聯絡人及電話，若有任何狀況發生，可及時找到負責人員協助處理，更嚴謹一點的還可以先準備小禮物事先拜訪鄰居打個招呼。除此之外，切記一般施工時間原則上是上午 8 點～下午 5 點，甚至有大樓規定是上午 9 點及下午 2 點之後才能進行會發出噪音的工程，施工之前最好先了解一下自家公寓、大樓的規定。

6 地磚拆除程度視磚材與後續施作

通常發生在舊屋翻新的時候，預將老舊磁磚拆除更換新磁磚所發生的工程項目，如果後續所選用的磁磚是拋光石英磚，拆除舊磁磚時會建議務必記得要打到見底，殘留的水泥層也一定要徹底清除乾淨，之後重新鋪貼新的磁磚，底層的附著力好，地坪才能更為平整，避免發生膨、翹的狀況。但假如是選擇像是復古磚，因為是採取濕式施工的方式，就可以無須拆除見底。

7 拆除木地板釘子要清除

尖銳的釘子如果沒有清理乾淨，反而會導致後續打底的泥作層裂開、工班師傅不小心受傷，因此拆除木地板時，將表層木地板掀起、清除下架高部分之後，要特別留意檢查釘子是否有無清理乾淨，避免後續產生不必要的麻煩。

拆要估清運費用

1 以車為單位

一般拆除通常不會包含清運垃圾的服務，廢棄物的清運費用大約落在 NT.3,000 ～ 4,500 元之間，以「車」為計算單位，還要再加一筆人工搬運費。而拆除也有分大工、小工（依經驗不同）的價錢也不同，一般打石工的價錢在 NT.2,500 ～ 3,000 元不等，會帶機具但不裝袋清運，小工則是落在 NT.2,500 ～ 3,000 元之間，視工作內容的難易度而定。

2 分袋裝和散裝

垃圾清除有裝袋和散裝二種方式，最好委託具有專業證照的廢棄物清潔公司到場處理清運。裝袋式要注意安全，嚴禁從高層以拋丟方式造成巨大聲響，散裝垃圾則要做好綑綁的動作。

不吃虧 TIPS

（1）拆除要記得估算垃圾清運費，拆除工人和搬運工人有些會分開，工資不同也要事先確認。

（2）拆除工程是室內裝修工程噪音較大的工程項目，盡量不要整天且連續多日施工，以免擾鄰。

Point 02 公共區域和室內的保護工程必知 10 點

曾有人用醫療行為來説明設計委託,在設計師受過完整專業訓練與具有相當的執業經驗前提下,為屋主量身打造住宅設計,花時間了解屋主生活與需求、到現場丈量了解,並繪製現況圖與平面配置圖……到這裡,如果都沒有收一塊錢,設計公司該如何存活?同樣的,屋主也需判斷設計師的「專業度」,設計業並不像醫師有強制且具公信力的執照認證制度,要事先付錢,對屋主來説怎能不擔心?因此在經過初步洽談後,透過「簽約」,雙方能更了解彼此的想法與態度,並將權利義務及可能產生疑慮的事項盡可能溝通清楚,白紙黑字寫下雙方用印以示負責。千萬不要因為怕麻煩便宜行事,出現問題罪還是要自己受。

公共區域與工地內部的保護工程

裝修初期	1. 人員及建材工具抵達工地現場的路徑,包含大樓出入口、大廳,停車場電梯口、工地所在樓層梯廳、電梯內部、逃生梯間(如果會用到的話)等公共區域 2. 有些社區大樓有貨梯會要求從貨梯進出,沒有的通常也會限定使用某支電梯 3. 工地的大門如果不換要整個以夾板包覆,把手也要包起來以免搬運進出時碰撞 4. 非施作範圍封閉不得進出 5. 如果原有地坪不拆,室內地板也要做保護
工程期間	1. 公共區域的保護物如有鬆脫要維護 2. 工地內陸續完成的部分要保護,尤其是會有粉塵的工程進行前,徹底包覆避免汙染
工程結束	1. 逐一拆除保護工程的材料 2. 注意有無殘膠或損傷,若有要處理復原

保護工程的範圍

保護工程的範圍不僅僅是住家空間,只要是搬運材料會經過的地方,例如電梯內部、出入口、大樓地下室通往電梯走道、梯廳等等,都必須仔細做好保護工程。保護工程使用到的養生膠帶,有膠膜、紙質材質可選擇,亦有區分室內、戶外使用以及尺寸上的差異,應針對保護項目與用途挑選。

重點區域的保護要點

1 電梯

電梯門框、周圍壁面及內外皆要做好防護措施。電梯內部則用角料撐住夾板保護，避免碰撞損傷電梯內裝。

2 地板

地板保護要先鋪一層防潮布，用意在於第二層瓦楞板是塑膠射出成型，如果直接鋪設，瓦楞板的直線紋路很可能轉印在地板上。

重新整修住宅，很多時候會選擇沿用原本的木地板或是磁磚，這時候一定要先做好地坪的保護工程，通常基本是以三層材料保護，由下而上分別是防潮布、瓦楞板、夾板或是防潮布、白板、夾板，2 塊防潮布鋪設時必須交疊，可避免滑動以及髒污滲入，第二層的瓦楞板、夾板則是具緩衝保護撞擊，最上層的木夾板則是預防尖銳工具掉落砸壞地板，要注意的是，海島型木地板的硬度較弱，可多鋪一層夾板保護。

3 大門

大門是公共空間與室內空間的分隔，也需要以白板、夾板做好雙層保護，以免工程中遭受撞擊受損。為了避免交代殘膠造成大門（尤其表面建材為木作的大門）掉漆損壞，保護措施黏貼於金屬門框上最佳。此外，大門內側面的門把要套上緩衝套，預防碰撞到門後的牆面或櫃體。

4 油漆前的保護

主要是油漆師傅負責施作，舉凡地板、櫃體、傢具和門片、空調等都要保護包覆，另外也要特別注意五金、窗邊的接縫處，都是最容易遺漏的區域。

不同的區域的保護材料

一般梯間或是公共空間的走道、室內地面都可以用防潮布、白板、夾板或是防潮布、瓦楞板、夾板做三層保護，電梯內部壁面有時候是使用角料撐住夾板，但絕大多數則是依照管委會規定。另外像是住家大門的正反兩側同樣也是使用防潮布、夾板，而包括家具、設備、壁面、窗戶等則可以用養生紙膠帶遮避防護膜做包覆。

若地面有放置重型機具，建議可使用 3 分厚的夾板，此外，如果有大理石門檻的話，也得審慎做好保護，避免邊角受損。

裝潢 Q&A

選用不同的地板材質，會影響保護工程的順序嗎？

A： 由於工序流程的關係，磁磚鋪設屬於泥作工程，待磁磚鋪好之後必須先保護地板，才能進行油漆工程，但如果是鋪設木地板的話，則是等油漆、噴漆工程完成之後再進場施作，以免地板被污染，並等待鋪設木地板結束，仔細將地板做好保護。

破損即更換，
確保建材不受破壞

住宅裝修期間的施工保護工程，不僅僅是保護原有空間的材料，一方面也是為了維護施工人員的安全，如果保護工程有任何破損或是翹起的狀況，應隨時進行更換，否則一旦造成原有建材損壞，反而導致後續材料運送的麻煩，也會讓後續工程延宕。

關水、斷電，
排水孔予以保護封閉

為了避免工程進行中發生漏水、觸電、電線走火等意外，在拆除之前要做好關水、斷電的處理，將消防感應器暫時關閉，另外也要把所有室內排水孔做好保護封閉，包括廚房、衛浴、陽台、馬桶糞管，以免拆除過程當中，磁磚或是泥塊等工程廢料不小心掉落，造成管線阻塞。

此外，若大門需更換時，在只有一扇大門的情況下，應配合工程安排拆除，如果是兩扇大門，建議可先拆除一扇，並將新大門安裝與拆除時間銜接好，又可以免除裝修期間無門的空窗期。

保護材質種類	特性說明
PU 防潮布	保護地坪時鋪設的第一道防護，避免油漆、髒水等液體滲入地板造成吃色，具有防水功能，也可隔絕與重物接觸時留下壓痕痕跡。
白板	保護地坪的第二道防護，也是保護壁面時常用用的材質，具有緩衝、防衝撞功能。
瓦楞板	保護地坪的第二道防護選擇之一，除了具有緩衝撞擊力之外，也具有防潮性能。
夾板	屬於薄的木板，用來加強地坪最上層保護的堅固度，也會用於壁面保護，運用在轉角處，加強防護。

不吃虧 TIPS

（1）保護工程由誰支付費用、怎麼做、做在哪些地方要在估價單上明列清楚。
（2）完整的保護工程雖然費用較高，但都是為了避免發生鄰損事件或因處理不當讓完成的部分受損，因此去現場監工時也要注意保護是否確實。

Point 03 拒絕漏水壁癌，了解成因這次裝潢就杜絕

居家環境是一天生活中使用時間最長的空間之一，居家環境的好壞，也直接影響人的生活情緒。然而由於氣候或地震的影響，或是人為施工、使用不當，或者防水材料年限已到、受風化等，未在初期就及時解決，導致壁癌孳生、漏水現象，當情況嚴重到影響生活，要和鄰居協商找出源頭，再敲敲打打忍受施工不便，十分得不償失。了解住宅外部及室內容易引起漏水、壁癌的好發點，平時就能多加注意，防患於未然或在初期就能用簡便方式解決。

根據現象判斷漏水成因

1 不論何時都有滲漏水

應該可以判斷是冷熱水管滲漏。此時先將水錶開關關上，之後再將室內冷熱水龍頭打開，別讓管路沒水沒壓力，這樣才會漏水點才會出水，測試時，我們停水一般以 48 小時為一次測試的週期，測試時，我們若是發現關水後，漏水點不漏了或出水變小，那就可確認是水管漏水了。

2 有時間性滲漏水或水量會變化

研判是排水管、大便管、浴缸或地板裂縫滲水。此時將排水孔堵住，讓水流不下去，之後將水注滿想要的測試區。這個做法測試 2 小時，即可觀察漏水點的水量是否變大或持續不變，若變大應可判斷為測試區防水地板有裂縫。若出水不變，再將水放掉，接著再看漏水點出水是否變大或持續不變，若變大了，應該判斷為排水管漏水。

3 只要下雨就會漏

一般是發生在窗戶、外牆、頂樓地板或管道間。

防水層因地震位移破裂形成漏水點
漏水點
鄰棟　本棟

兩棟房屋牆壁緊連，兩棟高低不同

原因 1：可能是較高建築的磚砌牆的透水而產生漏水現象，其實即使是混凝土牆亦可能因裂痕或蜂窩，而造成漏水現象。

原因 2：防水層因房屋位移破裂造成之漏水，特別是因為兩棟為獨立房屋，可能因地震，或不均勻的沉陷而造成位移，防水層易因受力被破壞，造成漏水。

解決方式為砌磚牆面做防水層，並於兩棟牆壁接鄰處上作保護蓋板，做金屬壓條及填縫收邊，阻斷水入侵。防水層預留伸縮長度，以因應地震等的位移。

雨水滲入
空間不足未做外牆防水導致漏水
鄰棟　本棟

兩棟獨立的房屋，隔牆不緊貼，但距離很近

常因相鄰之房屋距離太近，致使外側無法施作防水層，故雨水會從二棟鄰房之間流下，日積月累導致漏水。解決方式為封住兩棟房子上方的空間，阻擋雨水不再入侵。

建築外部引起的漏水

1 屋頂附加物導致積水

屋頂常見的漏水點有水塔下、屋頂水箱、管道間、排水孔、女兒牆、園藝造景、魚池等。

2 外牆防水受外力破壞

外牆常有冷氣開孔、牆面裂縫、遮雨棚、廣告看板固定物等因素，大棟破壞原有防水層。

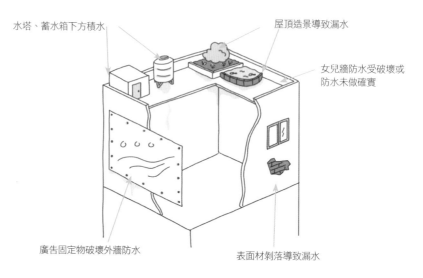

水塔、蓄水箱下方積水

屋頂造景導致漏水

女兒牆防水受破壞或防水未做確實

廣告固定物破壞外牆防水

表面材剝落導致漏水

對外窗外側未做洩水坡

結構體及表面層飾面磁磚若未做洩水坡度，會導致雨水淤積，若是矽利康老化或塞水路沒填滿，水大量入侵時會直接透過裂隙灌入室內。

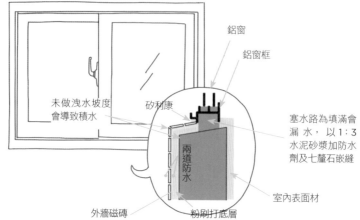

鋁窗

鋁窗框

未做洩水坡度會導致積水

矽利康

塞水路為填滿會漏水，以 1：3 水泥砂漿加防水劑及七釐石嵌縫

兩道防水

室內表面材

外牆磁磚

粉刷打底層

陽台

1 地面漏水

陽台若有雜物堆積或設置水槽、洗衣機等，若排水孔與地面的洩水坡度沒有做好，外來的水難以排除，若出現裂隙水就有可能會入侵，時間一長破壞了防水層，就有可能會滲漏至樓下。

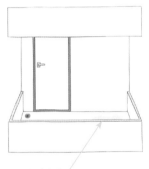

地面未做洩水坡度或防水受破壞

2 陽台落地門

原因 1：陽台的地面要低於室內，若高於室內排水孔排水不及或堵塞時，陽台的水就會淹入室內。

原因 2：落地門鋁框若與地面牆面結合處未確實塞水路，水就會從縫隙處滲入。

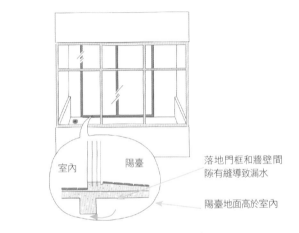

室內　陽臺

落地門框和牆壁間隙有縫導致漏水

陽臺地面高於室內

室內的漏水好發點

浴廁的地面及牆面

浴廁防水層的施作範圍包含浴廁的地坪及牆面，施作的面積除了地坪需全面施作防水層外，牆面的部份則可視用水情況施作，一般有淋浴設備的衛浴空間建議至少需從地面往上施作 180 公分至 200 公分以上的防水層，若浴廁是以磚牆隔間時，防水層施作必須從底部至天花板做滿為止。衛浴防水層的施作通常是以彈性水泥在貼磚前預先施作至少兩層。

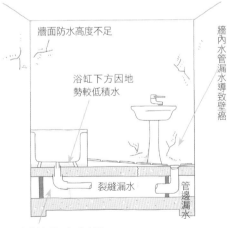

牆面防水高度不足

牆內水管漏水導致壁癌

浴缸下方因地勢較低積水

裂縫漏水

管邊漏水

水管接頭不良或破裂

防水層的施作位置

1 屋頂

主要施作的位置為樓板的結構體與表面材的鋪面層之間。換句話說，當我們走到屋頂時，腳下所踩的水泥磚塊、泡沫水泥面或是磁磚面，都只是防水層上方的保護層。在建築結構完成後先鋪上防水層，之後再以表面材覆蓋，如此才能加強防水效果並延長防水層的壽命，如果沒有表面材的保護，基本上就是錯誤的設計。此外，在防水層的收頭處，一般在女兒牆及地面轉角的地方，防水施作必須高出鋪面層至少高 20 公分以上，以無接縫的防水施作，才能達到最佳的防水效果。

2 地下室

一般有兩種做法：從內側施作、或從外部施作。地下室一般都設計有連續壁，從連續壁外面做防水施作，效果當然最好，但因為從外面施作一定要有一定範圍的施工空間，對於市區許多緊鄰的大樓來說，場地限制就成了最大的問題所在。

不少大樓地下室為了防止連續壁出現漏水問題，會在地下室做雙層牆（亦稱複式牆），也就是將防水層做在內側的第二層牆。此時除了做好內側牆的防水處理外，還需特別注意兩層牆之間的導水溝設計，方能將侵入的滲水排除。

3 外牆

鋼筋混凝土結構的外牆，由於其處於垂直狀態，一般對防水處理，均只針對牆面之阻水較弱部位作防水措施，其餘則靠磁磚表面及水泥漆面或其他鋪面本身之滑水性，以不使水滯留，而達到防水的功能。坊間一般老舊住宅使用加強磚造的建築仍相當多，唯有在磚牆外側做好全面防水才能杜絕這樣的現象。

4 增建

新的防水層要注意與舊有防水層的銜接，避免產生漏洞。比如，新做的防水層要比照正常標準：凡是遇到牆面之處，收頭必須高出原有鋪面至少 20 公分以上，以免大雨積水來不及從排水管洩出，水就順著原有的保護層，從新建物的室內地板冒出來。

防水材料簡介

一般室內多用水性防水材，特別是彈性水泥是師傅們最常使用的材質，其他水性防水材易有水解的問題，使用的機率不高。至於油性防水材因為內含有揮發性物質，基於人體健康考量，因此較常使用於戶外。

室內居家使用以防水漆為主，再者是防水劑，其他如防水膜、止水條等主要用在室外。防水漆的使用方法較簡易，也因為有多種顏色，可用於防水兼表面塗裝材，由於一般油漆含甲醛有機物質，購買時要選擇不含鉛、汞金屬的綠建材或有環保標章的塗料，否則易對身體產生危害；而防水劑則需與水泥砂漿攪拌，在室內常用於底材，能增加水泥砂漿本身的防水效果，做為結構體的表層防水，建議兩者一起使用，可達到雙重防水的效果。防水膜若於室內施工，需設置通風系統，配戴手套、口罩、眼罩，避免人體接觸到化學品。

種類	説明
防水漆	價格相對低，但耐久性亦不高。
防水膜	耐候與抗腐蝕性，需藉由外層防護處理來加強，如磁磚、砂漿。自黏式防水膜，類似防水毯的鋪設，只是膠黏的材質不同，施工秘訣是要用滾筒緊壓卷材面，以確保防水膜完全黏貼於施工面。 PU 防水膜，材質因為有水解的缺點，因此很怕有積水，優點是施工便利。 PVC 防水膜，屬纖維布的表面處理，用於地鐵、隧道等大工程。 熱熔式的防水膜，如瀝青防水毯，須加熱融解成膠狀產生黏度，待自然乾燥硬化後形成一層黑色防水層，一般適用於局部補修工程，機具笨重且危險、清潔困難、外觀不美觀。
防水劑	最統的防水材料，須與水泥或水泥砂漿以一定比例（1：2～1：2.5）混合，減少混凝土中的縫隙，增加混泥土的密度，強化水泥砂漿本身的防水力，一般的彈性水泥即屬於這類防水材。市面上販售的防水劑種類甚多，主要有氯化鈣、碳酸類、脂肪酸、石蠟類、聚合物類（如 Epoxy、環氧樹脂）等。
止水袋	通常用於結構上的伸縮縫或是龜裂時的局部補強，是建築上常使用的建材。

防水作法

Step 1 角落防水補強

為預防龜裂並加強角落防水性，可用玻璃纖維網或不織布覆蓋於地、壁交接處。建議兩邊各吃一半，以 30cm 不織布為例，地15cm、壁 15cm。

Step 2 壁面先塗刷防水漆

建議需刷 2 ～ 3 道以上。壁面塗刷第 1 道防水，加水稀釋讓它滲入水泥沙漿，等待 6 ～ 8 小時乾燥後，再塗刷第 2 次，等乾燥後再塗刷第 3 次。門窗、管線的銜接面是容易漏掉的區域，也要特別注意需仔細塗上防水漆，避免水分滲漏。

Step 3 地面進行防水

地面施作防水漆，同樣進行 2 ～ 3 道以上。

Step 4 地面加上土膏，保護防水層

地面完成防水漆後，再刷上一層土膏，藉此保護防水層不會因踩踏而損壞。

不吃虧 TIPS

（1）首使用上容易有水的濕區，像是衛浴、廚房、陽台都需進行防水工程，防水處理需仔細且塗刷多道，才具有防水效果。

Point 04 電迴路大學問，插座足，不跳電這樣規劃

我想裝蒸烤爐、全熱交換器、獨立烘衣機⋯⋯等等一百樣電器！

這個電路要全部打掉重練啦！

配電前，先要計算整體空間用電安培數是否足夠，並配置合格的匯流排配電箱，若是安培數不足，則需更換。一般來說，設計配電需求時，通常會一區使用同一迴路，例如客廳、餐廳分區使用，一條迴路不超過 6 個插座（此為110V 的情況），像是廚具設備的用電量較大，則需獨立使用專門的迴路。但要注意的是，選用配電箱的安培數不可高於總安培數過多。一旦過高，即便用電超出負荷範圍，也不會跳電，使人無法察覺負電量的問題，久了電線可能會逐漸燒壞，最後引起走火情況，不可不慎。另外，衛浴、陽台和廚房等濕區的電線需配置漏電斷路器的無熔絲開關，一旦發生問題，就能即時斷電。

搞懂「專電」和「專插」

固定或移動大負載設備的單獨供電管道,兩者差異於用電設備固定或移動。例如專電是提供大負載功率的特殊固定設備用電,例如五合一暖風機;專插則是專門提供可移動大負載家電使用,例如烘衣機、電熱器等。專電、專插相同目的就是在高負載電器運作時,不會跳電而致生活不便,更有效避免因電線過熱而走火,保障住家安全。

搞懂「弱電」與「強電」

弱電指的是訊息傳輸性質設備,如電話、網路、有線電視信號、防盜保全、門禁管制等等;強電則是照明、插座等電力安裝總稱,台灣多為 110V 的電力設備與管線,少數會特別拉 220V 的電供特定電器如冷氣使用。

詳列電器種類、數量計算總用電量

以一般 3 房 2 廳的住家而言,一個房間一個迴路,一般一迴有 6 個插座,約略抓出總數 12 ～ 18 迴;此外,大負載功率電器設備要設專用迴路一定要提前告知。現在一般 30 坪住家通常配置 75 安培左右電量,若有特殊需求達到 150 安培都有可能,當發現總電量不足時,記得先向台電申請外電,再作室內配置。

實際上在裝修前的水電計畫討論時,應詳細告知設計師、水電師傅每個機能場域用電習慣,同時列出住家所有電器,才能得到最符合需求的配置結果。

插座高度配合使用習慣、
家具高度為宜

弱電指的是訊息傳輸性質設備，如電話、網路、有線電視信號、防盜保全、門禁管制等等；強電則是照明、插座等電力安裝總稱，台灣多為 110V 的電力設備與管線，少數會特別拉 220V 的電供特定電器如冷氣使用。

大功率電器設置單一迴路
保平安

弱電指的是訊息傳輸性質設備，如電話、網路、有線電視信號、防盜保全、門禁管制等等；強電則是照明、插座等電力安裝總稱，台灣多為 110V 的電力設備與管線，少數會特別拉 220V 的電供特定電器如冷氣使用。

管線藏於牆壁拍照、
繪圖記錄最保險

記得管線配置完成後拍照留底，更精確一點可以簡單繪製圖面、標示轉彎、接頭位置，尤其尺寸須特別註記，屋主要妥善保存以上資料，若以後遇到問題便毋須到處敲敲打打，可以迅速找到關鍵位置。

配電要注意

1 集中整理、方便維修

趁著裝修將全室訊息傳輸設備如電話、網路、第四台、防盜系統線路集中於此，除了線路整合不凌亂，也方便維修。弱電箱通常設於大門配電箱旁，建議汰換早已不敷使用的老舊箱體，藉以容納更多設備線路，也可加裝風扇或散熱孔，確保線路不過熱。

2 不同電壓要選擇適當負載率的線路

電壓 110V 一般選用線徑 2.0 的電線；220V 電壓可選用的線路較多，從線徑 2.0、3.5 或 5.5 平方絞線皆可，其中建議選用 5.5 平方絞線的電流負載率較高，較不會引起電線走火。

1. 使用正確線徑電線	110V 需用線徑 2.0 電線；220V 可選擇線徑 2.0、3.5、5.5 平方絞線
2. 絕對不能使用舊電線	舊電線容易出現外皮脫落、線路受損情況，千萬別冒險
3. 埋入牆壁的電管要用硬管	選用 CD 硬管包覆電線，避免因水泥砂漿而擠壓變形

3 專用迴路提供單一高負載家電使用

一般住家單一迴路提供 6 個插座用電使用，專用迴路就是一個迴路只設一個插座，通常是針對大負載功率電器所設。迴路就是一個接通的閉合電路，從正極出發，經過迴路中所有使用電器插座後，回到負極。一個迴路會在配電箱中連結一個無熔絲開關，該迴路短路或超載時就會跳起避免走火。

4 電線配置不可超過 4 個彎

電管的配置路徑建議避免產生 4 個以上的轉角，否則難以抽拉換線。另外，若是有多組電線交集時，建議可用集線盒相接，避免轉角產生之餘，也能讓線路排列得整齊俐落。

5 濕區裝設漏電斷路器

為了安全起見，廚房、衛浴等濕區的迴路必須加上漏電斷路器，才能避免發生危險。

6 住家插座的負荷量

電器瓦數 ÷110 ＝安培數

台灣多使用 110V 插座，通常一個迴路可提供 20 安培負載上限，利用電器瓦數 ÷110 ＝安培數，即可換算出單一迴路負荷量，正常情況下使用並不會跳電，若將大負載功率電器混在普通迴路內同時啟動時，就會有跳電、電線過熱情況發生，要特別小心。

出線盒施作注意事項

1 地面完工厚度決定出線盒該埋多深

在埋出線盒時，沒有估算好地坪完工後的正確高度，導致凸出過多所致。於地面設置地插，在挖出線盒位置時，就要先想好鋪貼地面材之後總厚度，反向推出需要挖多深。

2 牆面出線盒得以量尺仔細調整水平

得用量尺抓出出線盒水平與進出，尤其超過一個出線盒並列時，得確保每個水平都能達到一致，完工後看起來才整齊，否則日後調整不易。安裝時可將埋入位置浸溼後再抹上水泥砂漿，使其產生水化作用，出線盒得以更加穩固不易脫落。

3 根據空間屬性與機能選材質

出線盒要依照場域的機能特性作材質選擇。客餐廳、臥房等乾區選用一般鍍鋅材質即可；而廚房、衛浴、陽台等潮濕空間，建議選用不鏽鋼出線盒，降低濕氣入侵與本身材質穩定。

攝影 © 蔡竺玲

電箱與出線盒。

不吃虧 TIPS

（1）高耗電區域獨立設置迴路，尤其是廚房多大功率電器，浴室使用吹風機，需另拉獨立迴路、使用專插。

（2）流理檯可預留備用插座，方便日後果汁機、攪拌器等小家電使用。

（3）如有新增插座，需注意迴路電荷量是否過大。

Point 05 藏在牆壁裡的電線與水管，認識一下

水管安裝注重給水、排水和糞管鋪設。給水管需選擇適當的冷、熱水管材質，熱水管需使用不鏽鋼材質，不可使用 PVC 管，避免高溫而損壞。排水管的行走路徑需避免過多轉角，以防排水不順，另外糞管和排水管的施作，都需特別注意是否有抓出洩水坡度，才能讓廢水或排泄物順利排除。配電前，先要計算整體空間用電安培數是否足夠，並配置合格的匯流排配電箱，選擇正確線徑的電線，電線套管要預留散熱空間等，才能落實用電安全。

快速認識水電安裝

工程	水管安裝	配電安裝
特性	1. 包含給水、排水和糞管鋪設 2. 給水工程需注意熱水管需使用不鏽鋼,不可使用 PVC 管,以防遇熱損壞 3. 而排水和糞管工程要注意洩水問題	1. 配電之前先計算總安培數,確認電箱是否能夠負荷 2. 配置時,注意地線需接妥,同時衛浴、廚房等濕區配置漏電斷路器的無熔絲開關
適用情境	重新配管	重新配管
備註	一旦洩水或給水施作不慎,可能造成漏水、排水堵塞問題	若是設計不當,輕則跳電,重則發生火災

認識牆內的管路

1 確認品牌、管徑大小是否符合

不論是電線或水管,建議使用有信譽的品牌,同時選用適當的管徑,像是水管的分支管有一吋、6 分、4 分等,要注意,分支越遠,管徑要越小。開關插座燈具出線是 110V 的,需用線徑 2.0 的電線,若是 220V 的,需用線徑 2.0 或是 3.5、5.5 平方絞線,才具有足夠的負電量。

2 熱水管需選用不鏽鋼材質

由於熱水管的溫度較高,因此需選用不鏽鋼材質,不可選用 PVC 管,避免高溫損壞。另外,經過漫長管路或是冷熱水管交疊處,有可能會使熱水管的溫度降低,因此市面上還有外覆保溫材的不鏽鋼管,可維持一定的溫度,若有預算可選用。

3 電線的暗管需用 CD 硬管

電管有 CD 硬管、PVC 管、EMT 管,一般埋入地面或牆面的管線,需使用 CD 硬管,不可用 CD 軟管,這是因為填補水泥砂漿後,有可能會壓迫管線,因此管線需有一定的硬度。避免造成電線散熱不良以及難以抽換的情形。

4 水槽的排水應選用有存水彎的水管

排水系統應裝存水彎,水封深度不得小於 5cm,不可大於 10cm,能有效阻止空氣及其他氣體反向通過,也能阻止蟲類進入。

5 濕區選用不鏽鋼出線盒

出線盒有鍍鋅或不鏽鋼材質,在衛浴、廚房等濕區建議選用不鏽鋼的出線盒。

攝影 © 蔡竺玲

左:硬管,右:軟管。

各種水管材質

名稱	材質
冷水管	1.生鐵管：早期常用材質，容易鏽蝕，現已不用 2.PVC 管：常見塑膠材質，要注意與熱水管交接處區做好隔離 3.不鏽鋼管、不鏽鋼壓接管
熱水管	1.銅管：早期常用材質，有鏽蝕、銅綠問題。 2.不鏽鋼管、不鏽鋼壓接管：目前還有外覆保溫材的不鏽鋼管， 　能有效維持水溫
排水管	PVC 管：以1吋半、2 吋管徑最常見；有灰管和橘管之分，橘管較耐酸鹼。
糞管	PVC 管：有橘管和灰管之分，橘管較耐酸鹼，多用 3 吋半、4 吋管徑。

水電工程要注意

1 糞管位移要保持排水順暢

糞管管徑較大關係，在不敲除地坪的前提下，至少得架高 15 公分才能藏得住，同時得注意管線不宜拉過遠，與保持洩水坡度以保排水順暢。

2 施工時就將管線位置記錄下來

可事先提供工程人員管線圖面、照片比對，或請水電師傅與泥作師傅配合，以束帶標記管線位置，避免不慎打破壁內管線。

3 移動瓦斯管線交由認證人員施作

安裝或移動瓦斯管線都需經由專屬認證的施工人員施作才行，水電師傅不一定了解詳細流程，還是交給專業的來比較安全。

4 存水彎要保持有水狀態

排水系統都應裝設存水彎，其水封深度不得小於 5 公分、大於 10 公分，才能有效阻止臭氣、昆蟲進入室內。若發現水乾了，倒入適量水即可。

水管工程總整理

1 包含給水、排水和糞管鋪設

會依照現場狀況規劃管線行走的最適路徑，一般來說，排水管的路徑會避免過多轉角，如不得以遇轉角，也需為大於 90 度的鈍角，以防排水不順。

2 按照放樣埋管

由於管線大多是埋入壁面或地面，因此鋪設前需先放樣，再依照放樣切割打鑿，不可隨意亂打，對牆面或地面的破壞力才能減到最少。

3 增設室內水閥

在鋪設給水管時，若是室內無水閥，建議可新增水閥，日後若水管有問題，在室內就可控制水管開關，無須再到頂樓水塔處關閉，避免誤關到其他戶的水管。

4 洩水坡度要抓好

糞管和排水管的施作，都需特別注意是否有抓出洩水坡度及各空間的地坪高差，才能讓廢水或排泄物順利排除。

事先提供圖面或束帶標示
避免打破水管

鋪木地板與安裝廚房、衛浴設備是最容易打破水管的兩個施工時機點，起因於得頻繁釘釘子、鑽孔的關係。可以事先提供工程人員管線圖面、照片比對，或請水電師傅與泥作師傅配合，以束帶標記管線位置，都能避免不慎打破管線、因此延宕工期。

攝影 © 蔡竺玲

PVC 管，由左而右為給水管、排水管、汙水管。

不吃虧 TIPS

（1）施工前與施工進行中，要反覆檢查使用線材是全新、正確線路。

（2）不論是水還是電，所有迴路都要詳盡標明線路。

（3）靠近水或位於濕區的插座，需配置漏電斷路器。

（4）排水尤須注意做出洩水坡度，給水注意冷、熱水管的材質選擇，同時冷熱水管的間距不能太近。

隔間的 4 種作法與施工注意事項

室內隔間主要用來區分住家機能領域，同時具備防火、防水、懸掛物品等附能。常見種類為磚造實牆、木作隔間、輕鋼架隔間、玻璃等，各有優缺點，可依照預算、施工時間、隔音好壞、施工環境乾淨與否等訴求為出發點，找出適合自己的住家隔間選擇。隔間除了區分住家機能領域外，還兼具隔音、懸吊物品、防水等功能，可依照施工期、預算、建築載重、甚至裝潢環境髒亂程度做評估。例如：磚造實牆隔音最佳，但施工期長，須忍受環境塵土飛揚與泥濘，造價不菲；木作、輕鋼架隔間施工期短，但隔音較差，若需吊掛物品得確認角材位置或是加強背板強度。上述三種是最常見的隔間材質，其他還有強調通透感的玻璃等材質可選擇。

磚牆隔間

挑高磚牆須內嵌 H 型鋼，若樓高超過四米，牆面則不宜過寬，或是直接在磚牆中加入 H 型鋼強化結構，提高安全係數。而無論是木作輕隔間或鋼骨輕隔間，板材與骨架能隨意延伸，施工方便快速安全、載重低，造價相對便宜，但隔音較磚牆差。建議可依照預算、施工期與需求，做出最適當的選擇。

木作隔間

木作輕隔間是用木角材製作所需牆面骨架，裡頭塞入隔音棉等材質，表面板材通常為防火材質的矽酸鈣板。木質輕隔間常見於鋼骨大樓，雖然隔音不如磚牆，優點是施工快速、載重低，施工環境也不像磚牆這麼大費周章，算是符合現代人需求的效率隔間施工法。市面上最常見的隔間牆表面材質為矽酸鈣板，其實還會透過其他如木芯板、夾板等板材輔助強化牆面結構。木芯板外層為夾板，其中包覆小塊木屑剩料，運用熱壓機壓製而成。夾板則是多層薄板堆疊膠合組成。兩者不易變型、釘合力佳，板材達到一定厚度更具備隔音、吊掛物品效果。

輕隔間

輕隔間牆多以矽酸鈣板、石膏板材質做表面材料，由於板材有一定尺寸大小，整面牆為多塊拼接而成，勢必會出現拼接縫隙，如果縫隙預留太大或太小，加上填縫不確實，經過熱脹冷縮、地震之後，裂痕就會慢慢出現！

要避免這個問題，板材間須預留 0.3 公分左右縫隙，或是將已出現裂痕以美工刀稍微劃開，再以 AB 膠二次填縫，記得要等第一次上膠乾透後才能繼續下一次施作，也可加入玻璃纖維網輔助、加強拉力；最後進行補土、油漆工序。

玻璃隔間

玻璃是現場施工最簡易快速的隔間素材，但需注意的是，除了使用矽利康黏著固定外，其實關鍵在於天花板的 1 公分凹槽。當玻璃隔間內嵌後，四面填入矽利康固定，日後即使矽利康硬化，玻璃板仍可固定於凹槽內，即使有小晃動也沒有立即性的危險。無框隔間建議以檔板固定玻璃，通常檔板用於上方和側邊，下方無須放置。

隔間施工要注意

1 粗胚砂漿滲入磚縫連結更緊密

泥作師傅總是沒把隔間磚牆縫隙填滿？這是為了後續粗胚打底時預留的縫隙喔！疊砌紅磚牆時，常見紅磚間泥砂沒填滿、縫有點大，看起來一點都不均勻穩固，其實等磚牆砌好、乾燥後，進行表面粗胚施工時還會有水泥塗覆的工序，此時就能抹上足量的水泥砂漿，令其滲入磚與磚之間的縫隙，產生水化作用而更加緊密，亦能減少龜裂狀況發生。

2 木隔間預先強化背板強度為吊重物做準備

可透過增加骨架密度、內襯夾板方式，提升結構強度，達到吊掛物品目的。木作隔間牆是選用約 1.8 吋角料作牆面支撐，中心填入隔音棉，表面再以矽酸鈣板封板而成，若有懸掛電視、大型畫作等重物需求，可預先在施作時，增加局部區域的角材密度，封板前多上一層 4 分夾板，板材間以白膠黏合上釘。需注意的是，懸掛下釘位置最好落在角材上最保險

3 隔間、天花加入抗裂網，降低裂縫

輕隔間或天花板材拼接時通常都會有些微誤差，因此需要在板材邊做出導角，再使用兩次 AB 膠作填縫處理，此時即可加入 PE 抗裂加強網做輔助材料，強化連接處的強度。將柔軟不易斷裂的 PE 網視為板材連結媒介，塗完第一次 AB 膠後貼覆其上，等乾透後再填入第二層 AB 膠，能加強對抗地震與熱脹冷縮時拉力震動破壞，有效降低天花壁面裂痕出現機率。

4 感光膠固定收邊更美觀

玻璃隔間牆的轉角接合處除了使用矽利康黏接，另一個選擇是以感光膠固定。

使用感光膠固定後，看不見膠合痕跡，收邊於無形。除此之外兩片玻璃的相接處通常以 90 度垂直相接，也可以將兩片玻璃導角 45 度接合，令玻璃隔間變化彈性更加多元。

玻璃隔間的磚角處除了導角使其密合外，輔以適量的矽利康可強化其安全性。

（1）岩棉有 K 數之分，越高隔音越好，施作之前可確認是否與設計溝通時的一致。

（2）磚牆每日施作高度不能超過 1.5 公尺，大面積置頂牆面至少得分兩次施工，底部乾燥後再行堆疊才穩妥安全。

（3）為了加強新、舊磚牆的連結咬合力，透過交丁手法處理，使其交接處不為單一直線，而是猶如卡榫一般交錯，增加彼此間的接觸面、增加抓力，藉此提升磚牆與磚牆間的穩定性。

Point 07 門窗守護你的家，種類與安裝工法全解

才新安裝的鋁窗，怎麼下一場雨就漏成這樣。

門與窗，是建築的開口，也是室內空間交流之處；選用適當的門窗，能為居家打造出完美外觀；亦能營造舒適的居住環境。居家內外各處的門窗，因其肩負的機能不同，因而發展出形形色色的款式，如玄關大門首重防盜安全，室內門除了得顧及隱私，有時還可作為界定空間之用。至於窗戶，氣密窗能屏除風雨跟噪音，廣角窗則能引入大面窗景，若有防盜疑慮，則可選擇捲門窗或防盜格子窗。門窗也有隔絕裡外，維持室內環境品質的功能，市面上的產品材質、造型、性能各有千秋，需依自家居住環境選用，如高樓層使用大面積的觀景窗要注意風切，迎風面要格外注意止水。搭配隔熱玻璃及安全的門鎖，確保居住安全舒適。

根據需求挑選門窗

需求	挑選原則	推薦建材
隔絕外部噪音	氣密性佳、隔音性相對較好。好的隔音效果，至少需阻絕噪音 30 至 35 分貝	氣密窗
防盜	阻絕外力進入同時要便於逃生	防盜格子窗、電子鎖
引入採光	要留意氣密性、水密性，不結露	廣角窗
隔熱	是否重新安窗鋁窗或既有窗戶改善	隔熱玻璃、隔熱膜
調節採光，維護隱私	僅讓光線進入，或是連景觀都要保留	隔熱膜、百葉窗

大門

1 大門裝設要注意

（1）**門框水平垂直無偏差**：定位須符合水平、垂直要求，另外，立面亦不能前傾或後傾，以免影響開闔。可藉由水平儀、鉛垂線等工具輔助驗收。

（2）**五金配件使用正常**：包括把手、門鎖等皆安裝牢固且使用靈活正常；檢驗門片開闔順暢，確認鉸鍊位置是否需要調整。

2 安裝流程

（1）金屬門濕式安裝流程

現場丈量尺寸後訂製→放樣→立門框（以焊接方式固定）→嵌縫、塞水路→外框蓋上保護蓋板→安裝門片→調整五金

（2）金屬門乾式安裝

現場丈量尺寸後訂製→放樣→立門框（以焊接方式固定）→外框蓋上保護蓋板→安裝門片→調整五金

安裝鎖件前先確認鎖舌和受口的安裝位置需一致。

室內門

1 室內門裝設要注意

（1）**安裝鉸鍊的位置和深度要實**：避免產生門縫過大狀況，或是門片反彈、無法完全閉闔。

（2）**懸吊式安裝須注意門片重量**：若是懸吊式安裝方式，須注意門片材質的重量，以及天花板的承重力；若有軌道，則須確認軌道平直無彎曲、且長度正確。

（3）**立門框須抓好水平、垂直**：推開式的門在泥作隔間之前，先行立框會較為穩固。

（4）**浴室門片的防水要確實**：在裝框後進行水泥填縫修補，須特別留意防水處理是否確實。

2 驗收要注意

（1）　**確認門片的水平**：門片定位的左右水平沒有前傾、後仰等變形問題。

（2）**完工後實際操作一遍**：不論是何種形式的門片，須實際開關或推拉，確認操作順暢。

（3）**檢查門片與門框的縫隙**：檢查門片與門框之間的縫隙是否密合、安裝穩固牢靠。

（4）**點收門片五金**：門片的五金配件需完整，品牌、規格皆正確。

窗戶

1 窗戶裝設要注意

（1）窗戶送達施作現場時，請廠商出示完整之測試報告及圖面，並須確認此報告之測試樣品，與實際安裝品為同一產品等級。也須檢查窗框是否正常、無變形彎曲現象，避免影響安裝品質。

（2）在牆上標示水平、垂直線，以此為定位基準，不同窗框的上下左右應對齊。安裝完成後以水泥填縫，窗框四周處理防水工程，確認無任何縫隙，避免日後漏水問題。

2 施工流程

（1）溼式安裝
現場丈量尺寸後訂製→放樣→立框→嵌縫、塞水路→外框蓋上保護蓋板→安裝內框與紗窗→調整五金

（2）乾式安裝
現場丈量尺寸後訂製→放樣→包框→新舊框接面打填矽力康→安裝內框與紗窗→調整五金

阻熱且引入採光的做法

窗戶是室內空間與外部環境連結的重要介面，人在室內活動是否感到舒適，和開窗大有關係。想引入光線但須阻絕熱源，可選擇廣角窗、木百葉窗或是玻璃隔熱膜。

比起平面的窗戶，廣角窗視野更開闊，通常中間是大面玻璃固定窗，左右各開一個推射窗，不會被過多窗框分割窗外景色，空氣也能達到對流通風。想隔熱也可使用玻璃隔熱膜，現在產品功能眾多，還有延展性佳擊破玻璃也不易入侵的防盜功能，是需求選用，讓家居生活安心又舒適。

解答對門窗的 10 個問題

1 想換舊大門及門框，大門公司會幫忙處理嗎？

平常人們即使每天進出家門，卻都很少注意大門的地面是否維持水平，因此，大門施工的第一步通常會先抓地面水平，接著在泥作隔間前先立門框，地面抓過水平的門框才會穩固，後續大門掛上時縫隙也可以更小。其實，無論地面是否要重抓水平，拆除舊門框時還是會破壞到牆面與地面的泥作，因此，後續作業一樣需要動到泥作來做修補。所幸這部分工程有許多大門公司都會有配合的泥作師傅，甚至清運舊門與垃圾的清理都有一貫作業流程，所以不需太過擔心。

2 玄關門驗收時該注意那些重點？

透過實際操作與儀器輔助雙重把關，讓玄關大門的驗收更全面。

大門是屬於經常性的動態使用設計，因此，驗收時一定要實際操作與試用，另外因大門通常具相當重量，如果門框的水平沒有抓好，擔心長期下來容易造成門片偏斜與磨損，所以監工時就要特別注意或要求師傅測量，至於驗收時則要注意以下幾點：

（1）先關上門看門框的水平與垂直是否無偏差，接著從門框的立面觀察有無前後傾斜的問題，這部分測試可以請師傅直接用水平儀與鉛垂線等工具來輔助做驗收。

（2）直接開關門片測試，看看是否順暢無任何異聲或者卡卡的狀況。

（3）大門上的五金配件，包括把手、門鎖是否都可正常的轉動使用，同時檢測是否已安裝牢固，並且確認鉸鏈位置是否有需要調整。

3 門把選擇要注意什麼？

好的門把能讓操作更順手，並延長門窗或者櫃體的使用壽命。除了實用導向的功能型，近來也發展出許多裝飾性強的產品，選購前綜合評估考量，才能滿足不同的使用需求。以下為選購門把時可供參考的注意事項：

（1）**考量環境：** 若是戶外使用，或是溼氣高的環境、溫泉區等，挑選時記得注意門把是否有防鏽、抗腐蝕處理。

（2）**門片厚度：** 先丈量門片厚度以及所需把手的尺寸再進行挑選，避免購買到不合適商品。

（3）**門片材質：** 注意門片材質特性，譬如鋁框門的邊框較細窄、玻璃門承重度等等，再挑選適用的門把款式。

4 換窗戶一定要將原來的框料拆除嗎？

目前最方便快速的施工方式，是不拆掉舊有的框架直接在上面施工，所以能防止拆除所產生的噪音，而且不動到 RC 牆，也不會破壞原有的結構，是不妨礙鄰居作息最好的施工方式。前提是窗框沒有漏水才能這麼做。

5 如何改變鋁窗的窗框顏色？

現有鋁窗想要上其他的色彩，有 2 種方法，一是拆下送工廠電鍍或烤漆，另是請工人來噴上特殊底漆後再上漆。白牆藍框，典型地中海印象；帶黃的墨綠色有英美的鄉村味道；喜歡淡雅，則可選擇白、鵝黃等素色。視空間的風格搭配牆面，可從居家空間中抓出相近的顏彩來描框色彩，或可選擇對比色。窗框宜低調，不宜彰顯，突顯的色彩產生分割的視覺，造成視覺上的侷促感。

6 貼了隔熱膜的窗戶怎麼清潔保養？

平時以濕布和乾布先後擦拭即可；不在隔熱膜貼上貼紙或裝設吸盤。隔熱紙的抗汙效果好，平時以清水擦洗即可；如遇到較頑強汙垢時，使用清潔劑，噴在抹布上再做擦拭，切勿直接噴灑在隔熱紙上，以免隔熱紙失去效用。避免在隔熱膜上張貼貼紙或吸盤，以免因拉起時將隔熱膜同時拔起；平時也要小心別使用尖銳物品或刀片於表面刻劃，以免造成材質傷害。

7 窗框用哪種材質品質較好？

窗框大多以塑鋼和鋁質製成，，材質會間接影響整體結構的抗風強度和使用年限其功能與品質因材質各有優缺點，以下整理出二種材質的特色，供大家做為挑選窗框材質的參考。

（1）**塑鋼：** 材質強度高，不易被破壞。其導熱係數低，隔熱保溫效果優異，可達到節能效果。

（2）**鋁質：** 質地輕巧、堅韌，容易塑型加工，防水、隔音效果好，是目前市面上最廣泛應用的窗材。但鋁質厚薄間接會影響整體結構的抗風強度和使用年限。

8 門在什麼時候進場安裝較適合？

最好在泥水工退場前、地板鋪設前及房子完成前進場最適合。門除了款式、功能的挑選外，應在裝潢的哪個階段進場，施工時應需要特別注意，以免在裝修完成後需再進行二次施工，或者在裝潢過程中，不小心損壞已裝修完成的區域。以下為進場時間需注意的重點：

（1）**進口門最好在房子完成裝潢前即預留門框尺寸**：進口的門尺寸多是固定的，因此最好在房子完成前預留門框，以免完工後需二次施工。

（2）**國產門需預留一週工作時間**：國產門可以量身訂製，但是至少需要預留一週以上工作時間才能完成，因此在裝修之前就要選定哪一款門，請廠商來丈量訂製。

（3）**門框最好在泥水工退場前完成**：至於安裝時間，已完工的房子，必須在泥水工人尚未退場前將門框做好，這樣才能請泥水工人配合將門框的部分補強。

(4) **門的更換在鋪地板前完成**：如果裝修時需要鋪設地板，門的更換一定要在鋪地板之前完成，否則容易將已經完工的地板刮傷、破壞。

9 玄關門不換門框只換門片可以嗎？

可以選擇使用免拆舊門框的乾式施工法。其做法主要是保留原有舊門框，再以包框式設計包覆舊門框來做出新門斗，如此不需要傷到舊泥作或室內裝潢，但須注意在丈量與安裝時需要相當精準，因為些微之差就可能導致後面安裝困難，以及後續使用時不順暢，因此，需要仔細挑選有經驗的業者。

10 想在對外窗加裝紗窗，有哪些種類呢」

傳統紗窗 CP 值高，摺紗、捲紗既通風又不擋景觀。紗窗主要功用在於阻擋蚊蟲進入室內，如果空間所在沒有景觀的考量，建議搭配傳統紗窗即可，如果希望達到通風和景觀兩全的狀況下，再選擇可隱藏起來的摺疊式紗窗或是捲軸式紗窗。

不吃虧 TIPS

（1）欲在高樓層安裝推射窗，建議搭配限制開關器使用，避免強烈陣風造成危險。

（2）門片的材質與表面處理都會影響其防鏽、隔熱、隔音、耐候等性能與使用年限。

（3）門窗拆除時，原有防水填充層要清除乾淨，才不會影響新窗尺寸與防水完善度。

Point 08 正確安裝空調控濕設備的步驟説明

只要和室內空氣調節相關的設備，都可統稱為空調設備，包含冷暖氣、除濕、全熱交換系統、空氣清淨系統等等，現在也有結合數種功能的產品供選擇，過去住家多僅安裝冷氣，但由於氣候變遷與空汙嚴重，裝設結合暖氣及空氣清淨功能產品的人也漸多。一般冷氣主要有分離式與窗型兩種，分離式空調因需要安裝冷媒管、排水管、室內機等設備，因此要在木作工程前先安裝，才能確保這些機器的管線不被木作角料干擾，且不影響室內空間的美觀。此外，空間坪數與住家周邊環境，都會影響冷氣噸數選擇，選購時須一併考慮。

從需求挑選適合設備

需求	推薦建材設備
常門窗緊閉， 想增加室內活氧量	全熱交換器
維持室內舒適溫濕度	壁掛式冷氣、吊隱式冷氣
家有過敏兒， 養寵物想消除異味	空氣清淨機

認識分離式空調

1 室外機有分離式與多聯式兩種

簡單來說分離式就是一對一（一台室外主機對應一台室內機器）；多聯式就是一對多（一台室外主機對應多台室內機）。一對多的設計適合大樓型建築狹窄的室外空間，但如果室外空間充足，一對一是較好的選擇，因故障淘汰時較省錢。

2 室內機則有吊隱式與壁掛式兩種做法

吊隱式可利用較多出風口達到冷房效果，且將機體隱藏在天花板，看起來整齊美觀，但工程較為複雜；而壁掛式可以直接安裝在牆面上，相對簡單。

認識空氣清淨器

1 單機式隨買隨用

居家用空氣清淨機除了純空氣清淨功能機種之外，也有與除濕機合一的機種，效能依各家品牌不同，除了購機費用，後續還有濾網等耗材成本。

2 結合空調出風規劃全室好空氣

吊隱式或結合空調出風口規劃的空氣清淨設備，以往多用於醫療院所或對環境純淨度要求高的工作場所、實驗室，現在也有住家採用。

認識全熱交換器

1 運作原理

全熱式交換系統是將室外導入的新空氣和室內的髒空氣，透過機器內的風道交換後，讓新鮮空氣進入室內，與密閉的室內空氣進行對流並輔助換氧，進而提升居家空氣的品質，讓密閉式的住宅空間也能呼吸到新鮮空氣。

2 適用區域

可裝設在地下室、戶外吵雜需裝氣密窗等不便開窗處，讓家裡隨時可保持空氣對流。有吊隱式、直立式、直吹式三種機型。

需求	分離式空調	全熱交換器	空氣清淨器
特性	· 安裝需占掉天花板 40cm · 整齊美觀 · 冷房效果佳	· 可改善密閉空間的空氣品質 · 過濾空氣中的雜質	· 消除異味 · 抑菌滅菌 · 過濾懸浮微粒（PM2.5）
價格帶	連工帶料，依空調價格而定，NT.27,000元起跳（4～6坪）	連工帶料，依機種價格而定，NT.45,000元起（20坪）	依品牌功能不同，單機式 NT.3,500元起；全室規劃依機種坪數等實際情況報價

空調施工要注意

壁掛式冷氣

壁掛式冷氣在木工進場前，室內只裝設銅管、排水管、電源等，裝機則為油漆工程退場後。另外注意裝設時千萬不能將室內機全部包覆在天花板內只留出風口，冷氣四周應該留有適當的迴風空間，機器上方需距離天花板5～30cm不等，前方則至少需有30～40cm不被阻擋；且裝設時不應只考慮與室外機距離遠近，建議安裝在長邊牆，才能讓冷氣在短時間內均勻吹滿空間降低室內溫度（但仍需視現場空間比例及實際生活作息定）。

吊隱式冷氣

吊隱式空調可讓空間視覺達到一致性，但因除了室內外機還需要集風箱和出風口，天花板至少2米6才建議安裝。吊隱式空調在施工階段室內機於木工進場前需裝機完畢，首先空調工程師傅會先安排冷媒管與排水管線位置，接著將室內機吊掛於天花板上，並將冷媒管與排水管銜接到室內機上，之後分別安裝集風箱與導風管。在安裝完導風管後換木作師傅進場，以角材骨架施工製作天花板，並在封矽酸鈣板前安置集箱。接著進行封板，並於油漆完成後裝上線形出風口與室外機，施工時要注意進出迴風口位置，因為風口是線形設計，因此出風和迴風直吹對面下迴效能較佳，常見為側吹平行下迴或平行側迴。

全熱交換器

先將天花板拆除，才能安裝機體及配置風管，因此，若是有意重新裝潢者最好事先與設計師討論，並考慮大樑是否有需要洗洞以減少管路的曲折。

解答對冷氣安裝的 8 個問題

1 想讓溫度均冷該如何規劃空調設備？

明明有開冷氣，卻發生有的地方過冷，有的地方太熱，這種不均冷的現象，多是不規則型空間只裝設了一台空調，因為氣流不會轉彎，所以最好在轉彎分出的兩個區塊中，各裝設一台空調，如果預算只夠裝一台，建議可在轉彎處放一台電風扇，幫助氣流循環。在未開空調的情況，吊扇能增加空氣對流，進而加速冷房效果。不果過若是開著空調同時開吊扇，冷氣反而會被吊扇的氣流打到地上，冷氣無法流竄至其他空間。

2 全熱交換器一定能改善室內空氣品質？

由於是交換室內和戶外空間，需評估住家外部周圍環境。全熱交換系統一定要與戶外空氣交換，因此，若是住家的戶外空氣品質過差，效果並不顯著，例如，市場或餐廳排煙區旁之類的環境，最好請專家做現場評估。

3 裝全熱交換器還要裝空調或除濕機嗎？

全熱交換系統無除濕及改變溫度的功能，主要功能在於幫室內換氣，藉此提高室內環境的含氧量，排出病毒和過敏原等，但並無除濕或變溫功能，因此如有調整溫度及除濕需求，仍需搭配空調設備和除濕機才能達到效果。

4 冷氣機電壓有分 110V 和 220V，有何差異？

以冷氣來說，220V 較 110V 省電。台灣住宅的電力配置多以單相 110V 和 220V 電壓為主，工業或商業用電則有 380V。以冷氣來說，除非是老舊房子沒有 220V，必須使用 110V 的冷氣，否則建議購買 220V 的冷氣機種，的確較 110V 的省電，不過省電的關鍵並不是「用電量減低」而是「運作效能提高」，當為固定冷房需求時，220V 比 110V 更有效縮短啟動壓縮機的時間，冷氣的風量、冷房速度顯著強化，達到節省電力的結果。

5 冷氣裝沒多久室外機鏽蝕嚴重是什麼問題？

室外機暴露在外，若環境含硫磺氣或鹽分未經防鏽處理易鏽蝕。冷氣機體因有部分露在屋外，因此選購也需一併考慮住家地理環境，像是士林、北投或溫泉區，因有硫磺氣容易腐蝕金屬，冷氣需再加做防硫功能處理；至於基隆、淡水地區則因沿海空氣鹽分含量較高，室外機最好經過防鏽處理，才能用的長久安心。

6 遮掩壁掛式空調室內機要注意什麼呢？

需預留適當空間，有助冷空氣順利對流。壁掛式空調通常會以木作包覆遮掩，建議至少要預留 40 公分深、與天花板留 5 ～ 30cm 高的空間，有助於冷氣對流，避免上層樓地板結露等，如果空間太過密合，也會影響空調效能。此外，若壁掛式空調裝設在樑下，最好避免太貼近樑，避免冷氣迴風角度太小，反而讓冷房效果變差。

7 冷氣開了 2 小時，竟然開始滴水？

機器本身、排水管線都要抓洩水坡度，排水管銜接處要確實接合。空調機器及水管如果洩水坡度不當，容易造成積水與生鏽問題，因此施工結束後接水管，開水試 5 ～ 10 分鐘即可得知能否順利排水。壁掛式排水孔銜接處建議應以矽利康做接合，避免長期使用後造成鬆動，導致排水倒流情況。

8 冷氣裝好怎麼吹起來不冷？

冷媒外漏或管線未抽真空，都可能導致冷房效果變差。有可能是銅管連接未燒焊，導致冷媒外漏。將銅管包覆前要確認是否沒有漏氣，焊接完後需要測試焊接點是否密實，因此要先在上焊接處塗上肥皂水或清潔劑，接著將銅管跟冷氣高低壓表的外接銅管作焊接，觀察冷氣高低壓表，同時觀看焊接口是否有泡泡出現，藉此確認焊接口的密實度。

分離式冷氣安裝完室外機後最重要的一個工序就是「抽真空」，排除管線中的空氣與雜質，並確保冷房效果及減少機器的故障機會。

不吃虧 TIPS

（1）購買冷氣要確認「含安裝」是含了哪些部分及條件。

（2）安裝是否有含排水管、保溫軟管、銅管等材料費用，應該一併問清楚。

（3）特價品也最好再次確認安裝工資，否則很容易發生事後追加情形。

Point 09 木作工程工法細節注意要點

木材是居家裝潢常用建材，經常用來做為天花、櫃體與架高地板的基底骨架；基底骨架是由角材與板材架構而成，角材組成的骨架，間距大小決定是否穩固，因此常踩踏的木地板骨架間距比天花密；骨架完成後則會進行封板動作，天花板的板材選用取決於要用哪種的裝飾面材，而木地板與櫃體板材則須思考承重力。常見木素材的板材種類有：木夾板，其堅實特性利於須以釘槍固定的面材；木心板重量較輕且具可塑性；已加工過的波麗板則可省去後續貼皮等修飾工作。

常見的兩種木作工程

工種	木天花	木作櫃
特性	天花的作用大多是為了修飾管線及設備,天花高度訂定須從可完全隱藏做考量,但由於原始 RC 天花不夠平整,因此骨架須進行水平修整,此一動作將影響後續面材施作,與完成面視覺美感,應確實執行	木作櫃是由板材及各種五金零件所組成,因此不論是層板的鑽孔或者滑軌裝設位置,都須在事前做好規劃與計算,如此才能正確且快速地進行組裝
適用情境	天花不夠平整,利用天花修水平,同時達到美觀功能	須製作櫃體增添收納空間,或以局部透空櫃取代隔間,強調通透感
備註	1. 可平整修飾裸露天花,並隱藏管線、設備以及空間樑柱等,有美化居家空間美感效果 2. 想製作不規則造型,難度、造價偏高,工作天數也會拉長	1. 增加收納的同時,亦可作為隔間功用 2. 跨距過大板材載重力不足,收納層板易發生下垂狀況

木天花

1 使用矽酸鈣板

一般天花常用之板材為矽酸鈣板，由於天花不需承受太多重量，雖不須選擇過厚的板材，但太薄釘槍會穿透，因此矽酸鈣板選擇約 6mm 厚最適合。板材與板材之間會產生接縫，若要在板材上施作面材，板材表面須呈平整狀態，此時便會在板材接縫處先填 AB 膠，利用 AB 膠填平縫隙，這個填平動作就稱為抓縫。

2 使用木格柵

格柵天花板可分成活動式和固定式。在格柵內側有燈具時，可拆卸的活動式格柵較方便維修。若施作較密集的格柵樣式，由於主骨架需支撐多支格柵，此時需在主骨架上吊筋，加強結構強度。

攝影 © 王玉瑤

天花骨架完成後，利用接著劑將板材與骨架黏合，接著再以釘槍固定，確實做好固定動作，即完成天花板基底。

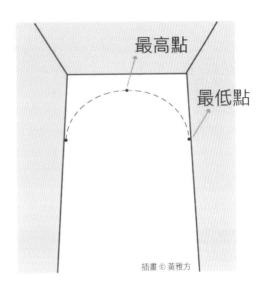

最高點

最低點

插畫 © 黃雅方

弧型天花板訂高度，利用水平雷射水平儀測出準確的
最高點和最低點，在牆上做好標示。

確認天花板高度注意事項

燈具厚度、照明形式、冷氣安裝形式、樑柱
位置及大小，都和天花高度的訂定有關，在
計算高度時應預留設備安裝、維修空間；目
前最薄型燈具約 4cm 左右，建議預留 10cm
計算，以便未來更換不同燈具。吊隱式冷氣
除機身外，須裝設排水管與製作洩水坡度，
至少預留 35 ～ 40cm 以上，其餘如壁掛
式冷氣安裝位置，與天花位置是否衝突，以
及樑柱是否統一包覆，灑水頭位置等，都須
一一確認過，方能決定天花的高度。

不像平頂天花高度水平統一，弧型天花須先
計算出最高與最低點，除了要將可能出現的
管線、樑柱、設備等，列入計算考量，最高
點與最低點能否確實做好包覆，或避開樑柱、
消防灑水頭等，也是高度訂定重點。

木心板分為麻六甲及柳安芯兩大類，柳安芯使用柳安木條拼接，價格較貴；麻六甲是麻六合歡木組合而成的木心板，木質密度較低，螺絲咬合度不佳，但板內部木條種類及密度較為一致，較不容易翹曲。木心板防潮力較差，不建議潮濕區域選用木心板做裝修。

木夾板是由奇數薄木板堆疊壓製而成，過程中木片會依不同紋理方向做堆疊，藉此增加承載耐重、緊實密度以及支撐力，根據其堆疊厚度，夾板也有厚薄之分，有 2 分、4 分、6 分等，有時刻意強調「足」分，代表厚度確實，例如 3 分夾板一般約為 0.7cm，但若是足 3 分，厚度是 0.9cm。

木作工程要注意

1 確實訂高度才能作出平整天花板

為了美化管線及安裝設備等，除了原始 RC 層天花，大多會再以木作製作平頂木天花將之隱藏，其後因個人美感及居家風格要求，便延伸出除了平頂天花以外，著重於視覺美觀的弧型天花、幾何型天花甚至木格柵天花。天花施作應從訂定高度開始，高度的決定須將冷氣、燈具、樑柱等列入計算，以確實達到隱藏目的；確定高度後即組構天花骨架，骨架間距及水平影響天最後完成效果，因此應確實計算好間距與做好水平修整；最後將板材固定於骨架，天花基底完成，之後再以面材修飾即可，但不同面材適合底材不同，選擇適合面材之底材，才能讓天花有最完美的呈現。

2 橫向角料間距不可過大

有時為了施工快速或節省角料，會將橫角料間距拉大，但間距過寬板材會因自身重量而產生下垂，天花也因此出現波浪狀。

木皮板是指在夾板貼上一層實木皮，一般木皮板約在 1 分左右，由於表面為實木皮，因此比一般的貼皮更具原木質感，常被用做修飾面材。

3 木作櫃能根據需求訂做收納

現成櫥櫃雖可做為收納使用，但尺寸與櫃內收納規劃通常比較制式，缺乏彈性且未必符合個人需求，因此在裝修居家空間時，收納規劃往往藉由量身訂製的木作櫃，讓空間有效利用，也更符合個人收納需求。櫃體形式大致上分為門片櫃與開放櫃，門片櫃大多著重強大收納機能，開放櫃則可做為區隔空間的隔間牆，也有展示擺放物品功能。兩種櫃體施工皆從組裝櫃體開始，桶身完成便可安裝櫃內各個零件，如層板、掛籃等，最後再以搭配居家風格與個人喜好，選擇適合面材修飾櫃體。

攝影 © 蔡竺玲

企口板特色為板材呈細長型，在兩側有一凸一凹接口，拼接完成面會有裝飾效果的溝槽線條，常用於牆面或天花的面材修飾，可整面鋪貼或作腰牆。

木皮改色可選飛色、染色、噴漆

單純想改變木皮顏色深淺，可選染色、飛色方式，像常見的橡木洗白就是染色的一種，而飛色多用於局部調整或微調深淺，兩者若使用過度皆會有遮蔽木紋的情形。噴漆是直接換色、覆蓋原有紋路的一種選擇。

種類	特色
染色	可保留木紋，但漆料太厚還是會完全覆蓋
飛色	主要用於局部或微調木皮深淺
噴漆	完全遮蔽木紋與顏色

不吃虧 TIPS

（1）天花水平確實修整，後續工程輕鬆不費力。

（2）訂定天花板高度前，須將要藏入天花板內的管線、照明、設備以及樑柱等元素，一併列入計算，如此才能決定天花板適合高度，達到預期中修飾與美化居家空間的效果。

（3）櫃體組裝過程中，常因裁切板材而有木屑粉塵，安裝五金時應注意是否確實清除，避免五金因入塵，而造成使用不順暢。

Point 10 刷漆或噴漆，油漆要平整背後付出的代價

無論是新居落成、中古屋要大肆改裝、或只是居家小換表情，為牆面上妝漆飾，幾乎是所有裝修工法中最基礎、也最具效果的變裝工程。事實上，漆作不僅是能為空間增色添彩，同時也兼具保護牆面的作用，尤其塗漆施工的工法簡易，工具與材料也相當普及。因此，成為許多屋主做修繕 DIY 時的首選工程，並發展出許多不同工法。

懶人包速解 油漆工法比一比

工法	特性	適用情境	備註
手刷漆法	最常見的塗料施作工法之一，施工的刷具容易取得，手法也簡單，可依局部或大面積來選用大小尺寸的毛刷，但刷塗效果好壞全控制在師傅的技術優劣上	適合空間小，空間內傢具及雜物較多的地方	工具準備便利，局部角落的工程也適合技術不純熟者容易有刷痕、施工速度慢
噴漆法	噴漆法是所有工法中效果最均勻、光面，且工時快速的，但由於必須透過噴槍機器才能施作，是專業級師傅常用的工法，一般 DIY 者較少用	適合空間大，空間內傢具及雜物較少的空間	工程快速、美觀，需上仰施工的天花板最為省力觸碰後易產生刮痕與手痕
滾輪塗漆法	藉由寬版刷面的棉布滾筒刷重複來回地在平面滾刷，以快速且均勻地為牆面上漆，是牆面刷漆 DIY 最常見的工法	可以接受油漆表面顆粒較粗的空間	特殊滾筒紋理產生手作感漆膜厚薄不易控制，漆面顆粒較大，較耗漆
木器漆噴漆法	多以手刷與噴塗二種工法，一般木傢具、櫥櫃多以手刷，至於木天花或大面積者可選用噴塗，其中噴塗法表面光滑度最佳	櫥櫃、傢具、天花板、牆面	噴漆最為均勻，手刷則較能表現木紋理手刷漆易在木件上留下刷痕

計算油漆用量

1 丈量坪數，再依漆罐標示計算漆量

如何準確計算出用漆量呢？依據想塗刷空間的地坪面積乘以 3.8 倍，可約略計算出天花板與牆面的塗刷面積量，如果只刷牆面則只需乘上 2.8 倍，接著再依選定產品各自不同的耗漆量，即可估算出需要的用漆量。由於每間房子牆面高度不同，會形成塗刷面積計算誤差，計算時可依自己屋高來斟酌增減。

* 坪數 ×2.8= 漆牆面積。
* 坪數 ×3.8= 漆牆 + 天花板面積。
註：1 平方公尺 = 0.3025 坪，1 坪 = 3.3058 平方公尺

2 窗戶大小也是關鍵

牆面漆量還需考慮窗戶的問題，若遇有落地窗則可減量；至於屋高可依 2.6 米為標準，再依據自家屋高來斟酌加減漆量。

插畫 © 黃雅方

坪數 ×2.8= 漆牆面積。

上漆前清潔表面

1 檢查並去除牆表面的異物

如果是新砌牆面，通常只需簡單清潔、擦拭粉塵即可。若是舊屋翻新則需視牆面狀況，若有嚴重壁癌要先另行處理；一般牆面則要仔細檢查有無異物，如釘子、膠帶等，避免牆面有附著物影響之後的批土與油漆效果。若牆面上發現有油漬，最好刮除打掉一層水泥層，以免造成批土與油漆層無法附著，發生日後凸起的狀況。

2 脫落的舊漆膜應刮除

使用刮刀將舊有破損或不平整的漆膜鏟刮乾淨，再以鋼刷將粉塵清除刷掉。

中標：設計師提供的服務

批土與打磨

1 先從大面積開始批土

以刮刀取適量批土填平凹洞處，批土的動作可先由主要坑疤區與較大的面積處做起，接著局部小處作「撿補」的動作，直到表面完全平整為止。

2 施作櫥櫃、門框與牆面的交接處

木工櫥櫃及門框等處因與壁面為不同材質的結合，在接縫處也要做批土的動作，才能保障漆牆沒有裂縫。另外，若牆的基底是板材類，則要考慮接合處的接縫處理，避免才刷好油漆的牆面在接縫處出現裂痕。

3 第一次打粗磨與清潔

將批土後的牆面用研磨機做磨平動作，並清潔牆面上的粉塵。

4 做二次批土、打磨與清潔

由於批土會因為乾燥而收縮，所以第一次批土後必須等待至少四小時以上，讓批土處固化、收縮，然後再重複動作做第二次批土；之後再等乾燥後打磨並清潔，完成後檢視牆面是否平整，凹洞過大的地方有可能還要再做三次批土。

木作天花板與輕隔間是採用板材封板，需使用專用填縫紙或 AB 膠來填縫並黏著。在批土之前，需上 2 次 AB 膠，上完第一次的 AB 膠後需間隔 24 ～ 48 小時以上，再施作第 2 次。AB 膠上完後需等 3 ～ 5 天再批土。

上底漆

底漆就像是女人臉上的底妝，如果沒有完美底妝就不可能接著化出漂亮的妝容。而為了幫牆面做好打底動作，底漆通常會上至 2 ～ 3 道，一般師傅常講的「幾度幾面」，其中幾度指的就是幾道底漆的意思。

由於底漆在漆面完成後並不會被看到，所以若在簽約前沒有言明品牌，有可能在施工過程中被師傅換成雜牌產品，因此，建議在簽約時最好先跟師傅問清楚用什麼漆？哪個牌子的？避免有表裡不一的偷料問題。

1 選擇底漆

底漆通常不只上一道，除了選擇專用底漆，也有人直接用水泥漆當底漆，至於乳膠漆雖然也可以，但因價錢較高，而且遮蓋力較水泥漆差，因此較少選用；而在底漆顏色上多半採用白色作基底。

2 上漆

無論是手刷塗漆或選用其他工法，專業的油漆師傅通常在底漆部分會選擇以噴漆方式，主要是可以節省不少工作時間。

3 等乾燥後打磨，再重複以上工法

一次底漆無法遮蔽牆面泥色或原有髒汙，因此可以等牆面乾燥後進行打磨，接著再施作二次底漆。乾燥時間與環境的溫、濕度有關，一般約需四小時，待二次底漆乾後再檢視是否需要做三次底漆。

裝潢 Q&A

手刷漆如何避免刷痕明顯？

A： 訣竅在於來回、左右、上下多次重複刷，避免留下同一方向的刷毛痕跡這是最普遍而傳統的塗漆工法，可由修繕大賣場或五金行中購得塗料與塗刷工具，即可進行牆面粉刷的工程。徒手刷漆的工法速度礙於刷子面積小，所以施作的工時較久，但是，不易受牆角或轉折的限制，甚至小小的邊框也可輕鬆刷，自由度很高，也可有藝術性的創意發揮。一般人擔心手刷牆面容易有刷痕與刷毛問題，其實專業師傅還是可以刷出很平整光滑的牆面，而且手刷的牆面若想局部補漆較容易，不像噴塗工法若局部用手刷補漆，就會產生像補丁般有接痕的突兀感。

上面漆

1 手漆法：將塗漆充分攪拌調勻

選擇手刷塗漆者，建議將漆料加水稀釋後才不會太稠，可以讓塗料刷動較滑順，也可減少刷痕的產生，但缺點是漆膜若太過稀薄容易透出底漆，所以可依產品說明先加少量水，多調幾次就能找到自己適合的濃度。

塗料長期靜置會有沉澱的狀況，因此，塗料使用前一定要以攪拌棒依順時鐘方向充分攪拌均勻，讓上下漆料不會有色差，才能刷出牆面的完美色調。面漆通常會上 2 道以上，除了可避免厚薄不一與刷痕明顯，也可讓色彩較飽和、會更漂亮。

插畫 © 黃雅方

2 噴漆法：噴塗 2～3 道面漆

噴漆工法屬於專業的油漆師傅才會使用，一般屋主因為沒有高壓噴漆機，所以較不會選用。師傅選擇噴漆工法主要在於施工較快速，且漆面很均勻，尤其使用在天花板上最省力，也可減少油漆滴落的問題。不過，噴漆最好使用在空屋，或是將空間中所有物件均妥善包覆，以免物品或室內裝潢被飄散的漆汙染。為避免噴漆堵塞機器，塗料需加適度的水稀釋，因此漆膜較薄，需要多上幾道。此外，比起其它工法，噴漆前的牆面處理要更平整，比較講究的師傅每次噴漆後還要做打磨，就是務求牆面平光無瑕。

3 滾輪塗漆法：

滾筒刷雖然速度快，但是施工上最大缺點就是滾筒無法觸及牆面的角落，因此天花板、牆線周邊與凹凸狀的窗門框邊、踢腳線等都需要先用刷子上漆，之後再以滾筒刷從邊牆向內用 W 狀、或直向上下的路徑來回滾動，直至牆面上色均勻為止。

不吃虧 TIPS

（1）若師傅忽略前面整牆工序，可能會有上完漆打上燈光才發現牆面不平，這是底牆本身就有凹凸狀，專業工班在檢查後若發現嚴重不平，甚至會以木槌打牆敲平後，再用批土來抹牆做矯正。

（2）購買或使用漆料時請檢查製造日期，並注意桶罐是否密封，若有滲出物請更換漆料；另外，觀察內容物有無不正常結粒或發臭等現象，若有請勿使用。

（3）塗料因品牌與功能不同，在價格上也有不小差異，因此，在談定工程價格時就應該先確認使用的塗料品牌與等級，而施工中最好也能請師傅證明或秀出使用塗料，確認是現場使用的是與報價相同的塗料。

**不用隔間限制格局，
彈性又自由享用空間**

文＿楊宜倩　圖片提供＿蟲點子創意設計

空間問題
1. 室內 18 坪，只有屋主夫婦居住，過多隔間讓空間感覺狹隘
2. 作為退休宅，希望住家氣氛讓人放鬆無壓力

解決方案
1. 打開整個空間，臨窗設計日式寢臥，以半高電視牆與公共空間區隔
2. 入口打造充足收納櫃，中段透空降低視覺壓迫感

設計裝修過程

屋主是一對即將退休的夫妻，懂得生活的他們決定從城市出走，轉而移居步調緩慢的淡水，這處新成屋的優點為格局方正，缺點是天花板較矮，因平時只有夫妻兩人居住，於是在設計師建議下，連臥房都採用半開放式的設計，靈感來自日式榻榻米，臨窗的架高木地板區，就是臥房兼臥榻，若有朋友來訪甚至留宿，可坐可臥的架高地板區，睡上十來個人也不成問題，也因為空間全開放的無拘無束，屋主笑說：每天的慢活日子好舒服。大門進來以中間透空的櫃體圍出玄關，不會一進門就看到廚房，與餐桌動線聯結，維持空間的開放感。客廳的半高電視牆區隔臨窗日式寢臥區，客廳一角以層板高低造型，讓屋主自由發揮陳列收藏，可定期換展有如居家小藝廊。

Study 1.
全方位美景空間感放大一倍

設計師回應屋主需求，將整個空間視作一個「大房間」，讓空間盡可能的開放，讓人在室內的每個角落都能欣賞戶外美景，同時讓小宅因視線延伸而變得開闊。

Study 2.
集中儲物管理

為了給屋主最開闊的空間感,設計師利用玄關
進門處設置連續收納櫃,櫃間鑲嵌局部鏡面反
射光影,並將浴室入口巧妙隱藏櫃體之間。

Study 3.
浪漫迷你藝廊

燈光就像是空間化妝師,在深淺有致的聚焦光
下,牆面高低起伏的層架簡潔俐落,架上可隨
意擺放屋主收藏的框畫或小品,儼然精緻的迷
你藝廊。

Study 4.
日式寢臥區

跳脫一般臥房形態,運用白文化石砌作的電視半牆,象徵性界定由木地板架高而成的睡眠區,休憩時只需從一旁櫃內搬出臥鋪,不用時收起立刻乾乾淨淨。

Study 5.
多功能臥榻

兩扇大窗前的空間以木地板架高,搭配電視半牆象徵性界定,架高區規劃為多功能休憩區,就算招待多位親友留宿也沒問題。

Dr. Home 裝修小學堂

符合人體工學，居家空間裡的尺寸

玄關的基本尺寸

考量活動舒適性，玄關深度最小需有 95 公分

一個成人肩寬約為 52 公分，且在玄關經常會有蹲下拿取鞋子動作，因此玄關寬度至少先需留 60 公分以上，此時若再將鞋櫃基本深度 35～40 公分列入考量，以此推算玄關寬度最少需 95 公分，如此不論站立或蹲下才會舒適。

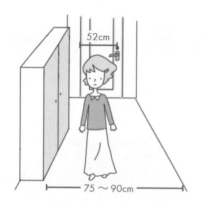

人的肩寬 52 公分，走道最少 75～90 公分

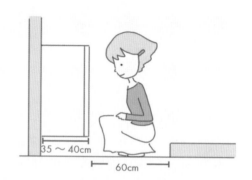

坪數小的情況，走道深度最少留 60 公分

落塵區設計為 120 × 120 公分

在沒有明顯區隔出玄關的空間，多以落塵區做為內外分界，由於大門尺寸寬度落在 90～100 公分，因此門打開迴旋空間需要有 100 公分寬，並需預留 20 公分的站立空間，因此落塵區至少應以 120 公分見方設計。

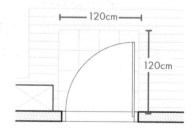

客廳的基本尺寸

沙發、茶几和電視間的最佳距離

小坪數住宅可考慮捨棄大茶几擺設，改以邊几取代置物功能，這樣可保留更暢通的動線，但若習慣有茶几者需與沙發之間保留約 30 公分距離以方便取物，而茶几與電視間距也是動線，則要有 75 ～ 120 公分以上寬度，讓人可以輕鬆穿梭走動。

主牆面與沙發的比例拿捏

沙發通常會依著客廳主牆而立，二者之間需有一定比例，一般主牆面寬多落在 4 ～ 5 公尺之間，最好不要小於 3 公尺，而對應的沙發與茶几相加總寬則可抓在主牆的 3/4 寬，也就是 4 公尺主牆可選擇約 2.5 公尺的沙發與 50 公分的邊几搭配使用。

從視覺截斷處計算比例

有時沙發背牆並不一定都是連續平面，也有因應格局而將沙發放在樓梯側面，此時的視覺就會被樓梯截斷，必須從截斷面開始計算比例。

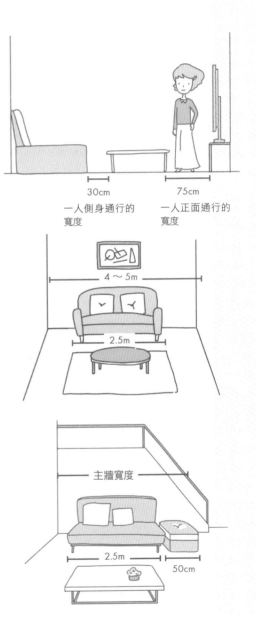

30cm
一人側身通行的寬度

75cm
一人正面通行的寬度

4 ～ 5m

2.5m

主牆寬度

2.5m

50cm

廚具的基本尺寸

依五金、家電制定尺寸

廚具受限既有五金、家電規格影響，尺寸變化有限，以流理檯面而言，多半需依照水槽和瓦斯爐深度而定，常見的深度為 60 ～ 70 公分。最常見於小坪數居家的一字型廚具，總寬度以 200cm 以上為佳；若為 L 型廚房則長邊不建議超過 280cm，否則容易導致動線過長影響了工作效率。

280cm

瓦斯爐檯面下降 5cm

身高 160cm

90cm

85cm

80 ～ 90 cm

60 ～ 70cm

身高 160 公分的合宜廚具高度

45cm 以下

60 ～ 70 cm

吊式櫥櫃與抽油煙機整合設計

廚具上方的吊式櫥櫃常見尺寸為距離檯面約 60 ～ 70 公分，深度 45 公分以下，好拿取、不撞頭；此外，這類規劃也經常配合抽油煙機統一設計，視抽油煙機吸力強弱多在 75 公分以下，不影響使用，也讓整體視覺更為整潔。

本書諮詢顧問

敘研設計
EMAIL：info.dsen@gmail.com
電話：02-2550-5160
地址：台北市大同區南京西路 370 號 3 樓

蟲點子創意設計
EMAIL：hair2bug@gmail.com
電話：02-8935-2755
地址：台北市文山區汀洲路四段 130 號

Imagism 今硯設計
EMAIL：imagism28@yahoo.com.tw
電話：02-2783-6128
地址：台北市南港區南港路二段 202 號 1 樓

演拓空間室內設計
EMAIL：ted@interplaydesign.net
電話：02-2766-2589
地址：台北市松山區八德路四段 72 巷 10 弄 2 號

摩登雅舍室內設計
EMAIL：vivian.intw@msa.hinet.net
電話：02-2234-7886
地址：台北市文山區忠順街二段 85 巷 29 號 15 樓

國家圖書館出版品預行編目 (CIP) 資料

這樣裝潢不吃虧：預算、材料、工法知識一把抓，裝修做功課指定本 / 漂亮家居編輯部著 . -- 初版 . -- 臺北市：麥浩斯出版：家庭傳媒城邦分公司發行, 2019.12

面；　公分

ISBN 978-986-408-565-1（平裝）

1. 施工管理 2. 建築材料 3. 室內設計

441.527　　　　　　　　　　　　108020613

這樣裝潢不吃虧：
預算、材料、工法知識一把抓，裝修做功課指定本

作者	漂亮家居編輯部
責任編輯	楊宜倩
文字編輯	楊宜倩・余佩樺・王馨翎
美術設計	林宜德
插畫繪製	楊晏誌・黃雅方
版權專員	吳怡萱
行銷企劃	李翊綾・張瑋秦

發行人	何飛鵬
總經理	李淑霞
社長	林孟葦
總編輯	張麗寶
副總編輯	楊宜倩
叢書主編	許嘉芬

出版	城邦文化事業股份有限公司 麥浩斯出版
E-mail	cs@myhomelife.com.tw
地址	104台北市中山區民生東路二段141號8樓
電話	02-2500-7578

發行	英屬蓋曼群島商家庭傳媒股份有限公司城邦分公司
地址	104台北市中山區民生東路二段141號2樓
讀者服務專線	0800-020-299（週一至週五上午09:30～12:00；下午13:30～17:00）
讀者服務傳真	02-2517-0999
讀者服務信箱	cs@cite.com.tw
劃撥帳號	1983-3516
劃撥戶名	英屬蓋曼群島商家庭傳媒股份有限公司城邦分公司

總經銷	聯合發行股份有限公司
地址	新北市新店區寶橋路235巷6弄6號2樓
電話	02-2917-8022
傳真	02-2915-6275

香港發行	城邦（香港）出版集團有限公司
地址	香港灣仔駱克道193號東超商業中心1樓
電話	852-2508-6231
傳真	852-2578-9337

新馬發行	城邦（新馬）出版集團Cite（M）Sdn. Bhd.（458372 U）
地址	41, Jalan Radin Anum, Bandar Baru Sri Petaling, 57000 Kuala Lumpur, Malaysia.
電話	603-9056-3833
傳真	603-9057-66223

製版印刷 凱林彩印有限公司
2019年12月初版一刷・Printed in Taiwan

定價　新台幣399元